华为云计算实战指南

基于 FusionCompute 8.0

何坤源 著

人民邮电出版社

北京

图书在版编目（C I P）数据

华为云计算实战指南：基于FusionCompute 8.0 /
何坤源著. -- 北京：人民邮电出版社，2023.7
ISBN 978-7-115-61348-6

Ⅰ．①华… Ⅱ．①何… Ⅲ．①云计算—指南 Ⅳ.
①TP393.072-62

中国国家版本馆CIP数据核字(2023)第045079号

内 容 提 要

本书针对华为云计算系统（FusionCompute 8.0）在生产环境中的实际应用，分 9 章详细介绍如何在生产环境中部署、使用 FusionCompute 8.0。全书以实战操作为主，以理论讲解为辅，通过搭建物理环境，介绍如何部署 CNA、VRM，创建、使用虚拟机，以及部署高级特性等操作。通过学习本书，读者应该可以迅速提高自己的实际动手能力。

本书内容通俗易懂，具有很强的可操作性，不仅适合 FusionCompute 平台的管理人员学习，也可以作为华为 HCIA 云计算课程的参考教材。

◆ 著　　　何坤源
责任编辑　胡俊英
责任印制　王　郁　焦志炜
◆ 人民邮电出版社出版发行　　北京市丰台区成寿寺路 11 号
邮编　100164　电子邮件　315@ptpress.com.cn
网址　https://www.ptpress.com.cn
北京天宇星印刷厂印刷
◆ 开本：800×1000　1/16
印张：16.25　　　　　　　　　2023 年 7 月第 1 版
字数：326 千字　　　　　　　　2024 年 12 月北京第 6 次印刷

定价：79.80 元

读者服务热线：(010)81055410　印装质量热线：(010)81055316
反盗版热线：(010)81055315
广告经营许可证：京东市监广登字 20170147 号

前言

在当今企业的数据中心中，虚拟化、云计算、容器等技术的使用已非常普及。比较常用的产品有 VMware vSphere、Hyper-V、RHEV、Docker、Kubernetes 等。遗憾的是，这些都是国外商用软件或开源软件。

近年来，华为公司（以下简称华为）也推出了自己的云计算产品，包括计算虚拟化、网络虚拟化、存储虚拟化等。2020 年，华为云计算系统从 FusionCompute 6.x 升级到 FusionCompute 8.0，其内核从原来的 Xen 架构升级到 KVM 架构，性能得到了极大的改善，在国内的部署和使用呈现快速增长的趋势。因此，作者编写了本书。本书共 9 章，采用循序渐进的方式带领读者学习 FusionCompute 8.0 平台如何在企业生产环境中部署。各章主要内容如下。

第 1 章，开源虚拟化以及华为 FusionCompute 8.0.0 等。

第 2 章，使用物理服务器部署 CNA 计算节点主机。

第 3 章，使用工具和镜像以主备模式部署 VRM。

第 4 章，Linux、Windows 虚拟机创建及其日常使用。

第 5 章，标准虚拟网络的创建与配置，以及分布式交换机的创建与使用。

第 6 章，iSCSI、NFS 存储的配置和使用。

第 7 章，迁移虚拟机、HA、DRS 等高级特性的配置与使用。

第 8 章，使用官方、第三方软件备份、恢复虚拟机。

第 9 章，内置的系统管理配置和监控的使用。

本书适合使用华为云计算系统的从业人员或华为 HCIA 云计算学员阅读。本书应该能够为读者在实际部署中提供一定的指导。

为保证实战操作的真实性，作者使用多台物理设备搭建实战环境，书中的案例具有很强的可复制性以及参考性。同时，作者提供了相关的操作演示视频（扫描本书内文所附的二维码即可观看），读者可以配合本书进行学习。

本书涉及的知识点很多，书中难免有疏漏和不妥之处，欢迎广大读者批评指正。有关本书的任何问题、意见和建议，或者想获取教学方面的配套资源，可以添加作者的联系方式进行交流。

以下是作者的联系方式。

技术交流微信：bdnetlab

技术交流 QQ：44222798

技术交流 QQ 群：240222381

何坤源

2023 年春

服务与支持

本书由异步社区出品，社区（https://www.epubit.com）为您提供后续服务。

提交勘误信息

作者、译者和编辑尽最大努力来确保书中内容的准确性，但难免会存在疏漏。欢迎您将发现的问题反馈给我们，帮助我们提升图书的质量。

当您发现错误时，请登录异步社区，按书名搜索，进入本书页面，单击"发表勘误"，输入错误信息，单击"提交勘误"按钮即可，如下图所示。本书的作者和编辑会对您提交的错误信息进行审核，确认并接受后，您将获赠异步社区的 100 积分。积分可用于在异步社区兑换优惠券、样书或奖品。

与我们联系

我们的联系邮箱是 contact@epubit.com.cn。

如果您对本书有任何疑问或建议，请您发邮件给我们，并请在邮件标题中注明本书书名，以便我们更高效地做出反馈。

如果您有兴趣出版图书、录制教学视频，或者参与图书翻译、技术审校等工作，可以发邮件给我们；有意出版图书的作者也可以到异步社区投稿（直接访问 www.epubit.com/contribute 即可）。

如果您所在的学校、培训机构或企业想批量购买本书或异步社区出版的其他图书，也可以发邮件给我们。

如果您在网上发现有针对异步社区出品图书的各种形式的盗版行为，包括对图书全部或部分内容的非授权传播，请您将怀疑有侵权行为的链接通过邮件发送给我们。您的这一举动是对作者权益的保护，也是我们持续为您提供有价值的内容的动力之源。

关于异步社区和异步图书

"异步社区"是人民邮电出版社旗下 IT 专业图书社区，致力于出版精品 IT 图书和相关学习产品，为作译者提供优质出版服务。异步社区创办于 2015 年 8 月，提供大量精品 IT 图书和电子书，以及高品质技术文章和视频课程。更多详情请访问异步社区官网 https://www.epubit.com。

"异步图书"是由异步社区编辑团队策划出版的精品 IT 专业图书的品牌，依托于人民邮电出版社的计算机图书出版积累和专业编辑团队，相关图书在封面上印有异步图书的 LOGO。异步图书的出版领域包括软件开发、大数据、人工智能、测试、前端、网络技术等。

异步社区

微信服务号

目录

第 1 章
华为云计算简介

2020 年 4 月，华为正式发布了 FusionCompute 8.0.0，这是一次重大的版本升级。2022 年 2 月，FusionCompute 升级到 8.1.1.1 版本，对多资源站点统一管理组件 FusionCompute Pro 也进行了升级，可以实现不同地域下的多个资源站点的统一管理，通过虚拟数据中心可以针对不同用户实现资源分域管理能力。本章介绍虚拟化的基本概念以及本书的实战环境等。

本章要点
- Xen 虚拟化
- KVM 虚拟化
- FusionCompute 8.0.0
- 实战环境

1.1 Xen 虚拟化

Xen 虚拟化是英国剑桥大学计算机实验室开发的一个虚拟化开源项目，通过它可以在一套物理硬件上安全地运行多个虚拟机。Xen 和操作系统平台结合得极为密切，占用的资源较少。

1.1.1 Xen 虚拟化简介

Xen 采用智能控制台体系结构（Intelligent Console Architecture，ICA）协议，通过一种叫作准虚拟化的技术获得高性能，在某些对传统虚拟化技术"极度不友好"的架构（如 x86）上，Xen 也有上佳的表现。与传统通过软件模拟硬件的虚拟机不同，在 Intel VT 技术的支持下，3.0 版本之前的 Xen 需要使用系统的来宾权限和 Xen API（Application Program Interface，应用程序接口）进行连接。到目前为止，准虚拟化技术已经可以运用在 NetBSD、GNU、Linux、FreeBSD 以及 Plan 9 等操作系统上。

Xen 虚拟机可以在不停止工作的情况下在多个物理主机之间实时迁移。在此操作过程中，虚拟机内存被反复地复制到目标机器上。虚拟机在最终任务开始执行之前，会有一次 60ms～300ms 的暂停以执行最终的同步，给人"无缝迁移"的感觉。类似的技术被用来暂停一台正在运行的虚拟机，并切换到另一台虚拟机，被暂停的虚拟机在切换后可以恢复工作。

Xen 虚拟化是一种基于 x86 架构、发展较快、性能较稳定、占用资源较少的开源虚拟化技术。通过 Xen 虚拟化可以在一套物理硬件上安全地运行多台虚拟机，与 Linux 形成完美的开源组合。Novell 公司的 SUSE Linux Enterprise Server 最先采用了 Xen 虚拟化技术。

1.1.2　Xen 虚拟化类型

在介绍 Xen 虚拟化类型之前，需要了解一下 x86 平台指令集。x86 平台使用 Ring 0、Ring 1、Ring 2、Ring 3 这 4 种级别的指令集来管理和使用物理硬件，如图 1-1-1 所示。其中操作系统内核使用 Ring 0 级别的指令集，驱动程序使用 Ring 1、Ring 2 级别的指令集，应用程序使用 Ring 3 级别的指令集。对于不使用虚拟化技术的操作系统来说，这样的机制没有任何问题。但如果使用虚拟化技术，让虚拟机越级使用 x86 平台指令集是需要解决的问题。

为解决虚拟机越级使用 x86 平台指令集的问题，Xen 虚拟化使用了两种技术：半虚拟化（如图 1-1-2 所示）和全虚拟化（如图 1-1-3 所示）。

（1）半虚拟化

半虚拟化（Para Virtualization）也可以称为超虚拟化。使用这种虚拟化技术，虚拟机操作系统认为自己运行在 Hypervisor 上而非运行在物理硬件上。Hypervisor 会对虚拟机操作的 Ring 0 级别的指令集进行转换，模拟 CPU（Central Processing Unit，中央处理器）给虚拟机使用（实际使用的是 Ring 1 级别的指令集），虚拟机不直接使用真实

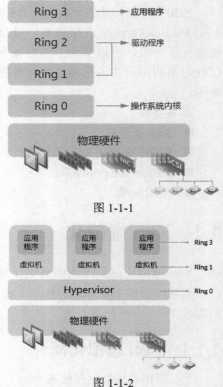

图 1-1-1

图 1-1-2

CPU。在半虚拟化环境下，虚拟机操作系统感应到自己是虚拟机，因此需要安装半虚拟化驱动。其数据直接发送给半虚拟化设备，经过特殊处理再发给物理硬件。

（2）全虚拟化

全虚拟化（Full Virtualization）也可以称为硬件虚拟化。全虚拟化技术需要 Intel VT 或 AMD-V 技术支持，相当于使用 Intel VT 或 AMD-V 创建一个新的 Ring 1 级别的指令集

单独给 Hypervisor 使用，但虚拟机操作系统认为自己直接运行在 Ring 0 级别上。在全虚拟化环境下，虚拟机操作系统不知道自己运行于虚拟机上，其数据的传送与物理服务器一致，但这些数据会被 Hypervisor 拦截转发给物理硬件。

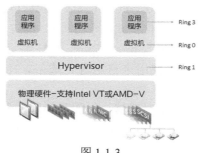

图 1-1-3

1.1.3 Xen 虚拟化组件

Xen 虚拟化组件包括以下几个部分，如图 1-1-4 所示。

（1）物理硬件

物理硬件为底层，包括物理服务器的 CPU、内存、硬盘、网卡等硬件资源。

（2）Hypervisor

Hypervisor 是运行在物理硬件与虚拟机之间的基本软件，其本身也是一个特殊操作系统，负责为运行在上层的虚拟机分配、调度各种硬件资源。

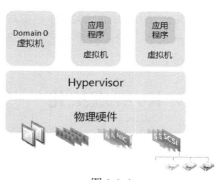

图 1-1-4

（3）Domain 0 虚拟机

Domain 0 虚拟机是 Xen 虚拟化技术中特殊的虚拟机，具有访问物理资源的特权。简单来说，Xen 虚拟化环境必须运行 Domain 0 虚拟机后，才能够安装和运行其他虚拟机。

（4）Domain U 虚拟机

无特权 Domain 虚拟机也称为 Domain U 虚拟机，可以把除 Domain 0 虚拟机外的虚拟机称为 Domain U 虚拟机。Domain U 虚拟机不能直接访问物理硬件，每个 Domain U 虚拟机拥有独立的虚拟硬件资源并独立存在。一个 Domain U 虚拟机出现问题不影响其他 Domain U 虚拟机。

1.1.4 Xen 虚拟化优缺点

Xen 虚拟机作为一种企业级虚拟化技术，其功能相对完善。在了解其基本原理之后，再了解一下它的优缺点。

（1）Xen 虚拟化的优点

Xen 构建于开源的虚拟机管理程序之上，结合使用半虚拟化和全虚拟化。Xen 提供了复杂的工作负载均衡功能，可获取 CPU、内存、磁盘 I/O（Input/Output，输入输出）和网络 I/O 数据，并提供了两种优化模式：一种针对性能，另一种针对密度。

Xen 使用了一种名为 Citrix StorageLink 的独特存储集成功能。使用 Citrix StorageLink，系统管理员可直接使用来自惠普、戴尔、NetApp、EMC 等公司的存储产品。

Xen 包含多核处理器支持、实时迁移、物理服务器到虚拟机转换、虚拟机到虚拟机转换等功能，具有集中化的多服务器管理、实时性能监控功能。

（2）Xen 虚拟化的缺点

Xen 会占用相对较大的空间，且依赖于 Domain 0 虚拟机中的 Linux。

Xen 依靠第三方解决方案来管理硬件设备驱动程序、存储、备份和恢复，以及容错。

任何具有高 I/O 速率的操作或任何会"吞噬"资源的操作都会使 Xen 陷入困境，使其他虚拟机缺乏资源。

Xen 缺少 IEEE 802.1Q 虚拟局域网（Virtual Local Area Network，VLAN）中继。出于安全考虑，它没有提供目录服务集成、基于角色的访问控制、安全日志记录和审计或管理操作。

1.2　KVM 虚拟化

基于内核的虚拟机（Kernel-based Virtual Machine，KVM），最初由一个以色列创业公司 Qumranet 开发，作为该公司 VDI（Virtual Desktop Infrastructure，虚拟桌面基础结构）产品的虚拟机，从 Linux 2.6.20 内核之后集成在 Linux 的各个主要发行版中。它使用 Linux 自身的调度器进行管理，相较于 Xen，其核心源代码很少。KVM 目前在开源系统中被大规模使用。

1.2.1　KVM 虚拟化简介

为简化开发，KVM 的开发人员并没有选择从底层开始重新创建一个 Hypervisor，而是选择基于 Linux 内核，通过加载新的模块使 Linux 内核变成 Hypervisor。

2006 年 10 月，在完成基本功能、动态迁移以及主要的性能优化之后，Qumranet 公司正式对外宣布了 KVM 的诞生。同年 10 月，KVM 模块的源代码被正式接纳并嵌入 Linux 内核，成为 Linux 内核源代码的一部分。作为一个功能和成熟度都逊于 Xen 的项目，KVM

在这么短的时间内被 Linux 内核社区接纳，其主要原因在于，当时虚拟化方兴未艾，Linux 内核社区急于将对虚拟化的支持包含在内，但 Xen 取代 Linux 内核并由自身管理系统资源的架构引起了 Linux 内核开发人员的不满和抵触。

2008 年 9 月 4 日，Linux 发行版提供商 Red Hat 公司出资上亿美元，收购了 Qumranet 公司，成为 KVM 开源项目的新东家。由于此次收购，Red Hat 公司有了自己的虚拟机解决方案，于是开始在自己的产品中用 KVM 替代 Xen。

2010 年 11 月，Red Hat 公司在其所推出的 Red Hat Enterprise Linux 6 发行版中开始集成 KVM，而去掉了在早期版本中集成的 Xen。

1.2.2　KVM 虚拟化架构

与 Xen 虚拟化架构相比较，KVM 虚拟化架构非常简单。图 1-2-1 为 KVM 虚拟化架构示意。KVM 直接通过加载相关模块将 Linux 内核转换为 Hypervisor。KVM 在安装完成后就可以通过 QEMU 将模拟的硬件提供给虚拟机使用。

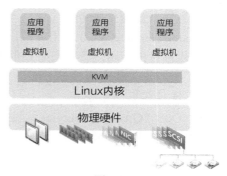

图 1-2-1

1.2.3　KVM 虚拟化优缺点

KVM 虚拟化作为一种企业级虚拟化技术，其功能相对完善。其基本的运行原理是，在 Linux 中加载 KVM 模块。需要注意的是，KVM 虚拟化需要 Intel VT 或 AMD-V 技术支持，KVM 本身包含为处理器提供底层虚拟化的模块 kvm-intel.ko、kvm-amd.ko。当在 Linux 上安装 KVM 后，可以创建和运行虚拟机，一台虚拟机可以理解为一个 Linux 进程，通过管理工具对这个进程进行管理，就相当于对虚拟机进行管理。

在了解其基本的运行原理之后，再了解一下它的优缺点。

（1）KVM 虚拟化的优点

KVM 虚拟化与 Linux 系统紧密结合，构建在稳定的企业级平台之上，我们可直接使用 Linux 进行进程调度、内存管理、广泛的硬件支持等。

KVM 是开源项目，很多成熟的解决方案也是免费的。对于中小企业来说，成熟并且免费的解决方案是首选。

（2）KVM 虚拟化的缺点

KVM 虚拟化需要硬件支持，只能在具有虚拟化功能的 CPU 上运行。

1.3　FusionCompute 8.0.0

FusionCompute 8.0.0 是业界领先的虚拟化解决方案，它通过在服务器上部署虚拟化软件，使一台物理服务器可以承担多台服务器的工作；通过整合现有的工作负载并利用剩余的服务器以部署新的应用程序和解决方案，实现较高的整合率。

1.3.1　FusionCompute 8.0.0 技术特点

FusionCompute 6.3 前的版本是基于 Xen 开发的，从 6.3 版本开始基于 KVM 进行开发。FusionCompute 8.0.0 具有以下技术特点。

（1）统一虚拟化平台

FusionCompute 8.0.0 采用虚拟化管理软件，将计算资源划分为多个虚拟机资源，为用户提供高性能、可运营、可管理的虚拟机。

- 支持虚拟机资源按需分配。
- 支持多操作系统。
- QoS（Quality of Service，服务质量）保证资源分配，隔离用户间的影响。

（2）支持多种硬件设备

FusionCompute 8.0.0 支持基于 x86 或 ARM 硬件平台的多种服务器，兼容多种存储设备，可供运营商和企业灵活选择。

（3）大集群

单个集群最大可支持 128 个主机、8000 台虚拟机。

（4）自动化调度

FusionCompute 8.0.0 支持自定义的资源管理 SLA（Service-Level Agreement，服务水平协议）策略、故障判断标准及恢复策略。

- 通过 IT（Information Technology，信息技术）资源调度、热管理、能耗管理等操作，降低维护成本。
- 自动检测服务器或业务的负载情况，对资源进行智能调度，均衡各服务器及业务系统负载，保证良好的用户体验和对业务系统的最佳响应。

（5）完善的权限管理

FusionCompute 8.0.0 可根据不同的角色、权限等，提供完善的权限管理功能，授权用户对系统内的资源进行管理。

（6）丰富的运维管理

FusionCompute 8.0.0 提供多种运维工具，可实现业务的可控、可管，提高整个系统运营的效率。

- 支持"黑匣子"快速故障定位。
- 系统通过获取异常日志和程序堆栈，缩短问题定位时间，以快速解决异常问题。
- 支持自动化健康检查。系统通过自动化的健康状态检查，及时发现故障并预警，确保虚拟机可运营、可管理。
- 支持"全 Web 化"的界面。
- 通过 Web 浏览器对所有硬件资源、虚拟资源、用户业务发放等进行监控管理。

（7）云安全

FusionCompute 8.0.0 采用多种安全措施和策略，并遵守信息安全相关法律法规，对用户接入、管理维护、数据、网络、虚拟化等提供端到端的业务保护。

1.3.2　FusionCompute 8.0.0 架构体系

FusionCompute 8.0.0 架构主要由以下组件组成。

（1）CNA

CNA（Computing Node Agent，计算节点代理），基于 Linux 系统，部署在物理服务器上，用于将硬件资源虚拟化，能提供主机虚拟机、虚拟文件系统以及虚拟化网络等功能。

（2）VRM

VRM（Virtual Resource Manager，虚拟资源管理器）是 FusionCompute 8.0.0 平台中的管理工具，通常部署在 CNA 上，运维人员可以通过图形界面对 FusionCompute 8.0.0 进行管理。

（3）OceanStor BCManager

华为提供的虚拟化备份软件 OceanStar BCManager，配合 FusionCompute 8.0.0 快照功能和 CBT（Changed Block Tracking，块修改跟踪）备份功能可以实现虚拟机的备份恢复。

1.4　实战环境

为保证实战操作更具参考价值和可复制性，同时最大程度地还原企业生产环境真实应用，使用全物理设备构建本书的实战环境。

1.4.1　设备配置简介

实战环境使用两台物理服务器部署 CNA 计算节点，使用 FreeNAS 系统构建 IP SAN 存储（iSCSI 存储/NFS 存储），使用思科交换机、华为交换机连接服务器。所使用设备的配置如表 1-4-1 所示。

表 1-4-1 实战环境设备配置

设备名称	CPU 型号	内存	硬盘	备注
CNA 计算节点 01	Xeon E5-2620×2	128GB	300GB	部署 CNA
CNA 计算节点 02	Xeon E5-2620×2	128GB	300GB	部署 CNA
存储服务器	Xeon E3-1365×1	12GB	10TB	提供 iSCSI/NFS 存储服务
物理交换机	思科 4948E、华为 S5720			

1.4.2　IP 地址分配

无论是测试环境还是生产环境，IP 地址的规划、分配都非常重要。为保证实战操作的严谨性，作者规划了 FusionCompute 平台使用的 IP 地址。详细 IP 地址信息如表 1-4-2 所示。

表 1-4-2 实战环境 IP 地址分配

设备名称	IP 地址	子网掩码	备注
CNA 计算节点 01	10.92.10.3	255.255.255.0	计算节点主机
CNA 计算节点 02	10.92.10.4	255.255.255.0	计算节点主机
VRM-01	10.92.10.11	255.255.255.0	主虚拟资源管理器
VRM-02	10.92.10.12	255.255.255.0	备虚拟资源管理器
VRM 浮动 IP 地址	10.92.10.10	255.255.255.0	虚拟资源管理器
OceanStor BCManager 备份	10.10.92.109	255.255.255.0	华为灾备系统
vinchin 备份	10.92.10.15	255.255.255.0	云祺灾备系统
iSCSI 存储服务器	10.92.10.49	255.255.255.0	FreeNAS 存储
NFS 服务器	10.92.10.50	255.255.255.0	群晖存储

1.5　本章小结

本章对 Xen 虚拟机、KVM 虚拟机，FusionCompute 8.0.0 的技术特点和架构体系以及实战环境进行了介绍。推荐大家使用物理服务器部署实验，对于条件不足的用户，推荐在台式机或笔记本上部署 Ubuntu 18.04 系统，再部署虚拟机进行模拟。由于 FusionCompute 平台的 CNA 计算节点以及 VRM 都基于 Linux，不推荐在 Windows 操作系统下使用 VMware Workstation 进行模拟。

扫码观看
本章配套视频

第 1 章

第 2 章
部署 CNA 计算节点主机

了解了一些基本概念后，就可以开始部署 CNA 计算节点。从 FusionCompute 8.0.0 开始，CNA 计算节点分为 x86 架构和 ARM 架构两个版本。也就是说，除了可以在传统的 x86 架构服务器上部署，也可以在 ARM 架构服务器上部署，特别是华为自主研发的鲲鹏系列处理器以及 TaiShan 服务器都可以很好地支持 CNA 8 的部署，两个版本的操作界面以及使用方式几乎完全相同。本章介绍如何部署 CNA 计算节点。

本章要点
■ 部署 CNA

2.1 部署 CNA 8

在生产环境中部署 CNA 8，一定要了解部署的硬件要求，在满足要求的情况下进行部署能够避免各种问题导致的部署失败。

2.1.1 部署 CNA 8 的硬件要求

目前市面上主流服务器的 CPU、内存、网卡、硬盘等均支持 CNA 计算节点部署。需要注意的是，使用兼容机可能会出现无法安装的情况。华为官方推荐的硬件配置如下。

（1）CPU

Intel 以及 AMD 主流 CPU 都支持 CNA 8 部署，华为基于 ARM 架构的鲲鹏 920 处理器也支持 CNA 8 部署。生产环境中推荐同一集群内服务器的 CPU 为同一型号，否则可能会影响虚拟机在主机间的迁移功能。

（2）内存

物理服务器内存大于 8GB。如果主机用于部署管理节点虚拟机，则主机的内存规格需至少满足管理节点虚拟机内存规格与管理节点虚拟机所在主机的管理域内存规格之和。生产环境中推荐内存为 128GB 以上，这样才能满足虚拟机的正常运行。

（3）网卡

在 FusionCompute 中，网络设备的配置包括主机、存储设备物理网口和物理交换机之间的连线，以及物理交换机参数和网络逻辑的设置。在网卡数量足够的情况下，生产环境中推荐配置多个 1 Gbit/s 或 10Gbit/s 网卡，使用两个以上网卡可以实现冗余以及负载均衡。

（4）硬盘

对于计算节点，本地硬盘存储空间大于 90GB（x86）或 110GB（ARM），用于安装服务器操作系统。对于管理节点，推荐本地硬盘存储空间不小于 140GB。

2.1.2   部署 CNA 8 使用的软件

可以在华为官网下载部署 FusionCompute 所需要的软件包。需要说明的是，普通用户权限可能无法下载使用，需要提出申请才能下载使用。下载的软件包如表 2-1-1 所示。

表 2-1-1   下载的软件包

软件包名称	说明	获取方式
FusionCompute_Installer-8.0.0.zip	FusionCompute 安装工具	在华为官网 http://support.huawei.com/上，搜索软件包名称进行下载
FusionCompute_CNA-8.0.0-X86_64.iso	CNA 安装镜像	
FusionCompute_VRM-8.0.0-X86_64.iso	VRM 安装镜像	
FusionCompute_VRM-8.0.0-X86_64.zip	VRM 虚拟机模板文件	

2.1.3   在物理服务器上部署 CNA 8

CNA 8 的安装方式分为安装工具安装和手动安装。通过安装工具安装可以统一完成 CNA 计算节点主机和 VRM 的安装。手动安装需要分别安装 CNA 计算节点主机和 VRM。本小节介绍在物理服务器手动部署 CNA 8 计算节点主机。

第 1 步，使用下载好的 FusionCompute_CNA-8.0.0-X86_64.iso 引导启动物理服务器。选择"Install"进行安装，如图 2-1-1 所示。

第 2 步，加载安装文件，如图 2-1-2 所示。

图 2-1-1

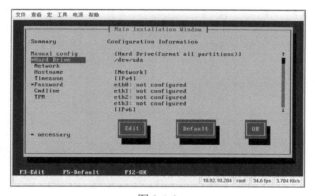

图 2-1-2

第 3 步，选择部署使用的硬盘，如图 2-1-3 所示，选择 "Edit"，按 Enter 键。

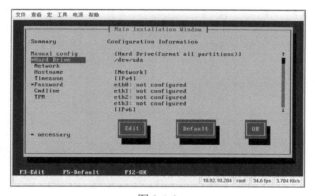

图 2-1-3

第 4 步，如果服务器有多个硬盘，需要手动指定，如图 2-1-4 所示。

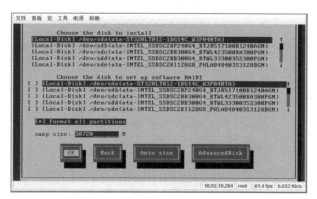

图 2-1-4

第 5 步，选择硬盘后，系统会出现警告提示，需要格式化所有分区，如图 2-1-5 所示，选择"Yes"，按 Enter 键。

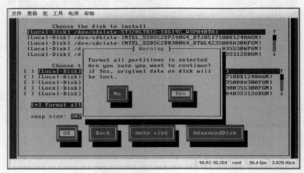

图 2-1-5

第 6 步，配置网络，选择"IPv4"，如图 2-1-6 所示，选择"OK"，按 Enter 键。

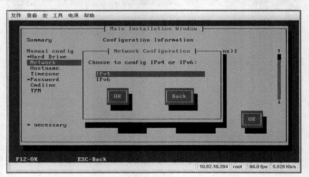

图 2-1-6

第 7 步，如果服务器有多个网卡，需要选择要配置的网卡，如图 2-1-7 所示，选择"Edit"，按 Enter 键。

图 2-1-7

第 8 步，手动配置 IP 地址，如图 2-1-8 所示，输入完成后，选择"OK"，按 Enter 键。

图 2-1-8

第 9 步，配置网关地址，如图 2-1-9 所示，输入完成后，选择"OK"，按 Enter 键。

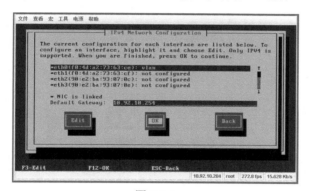

图 2-1-9

第 10 步，配置计算节点主机名，如图 2-1-10 所示，输入完成后，选择"OK"，按 Enter 键。

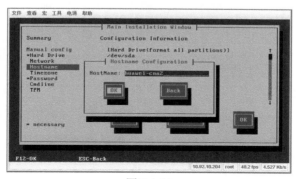

图 2-1-10

第 11 步，配置时区，如图 2-1-11 所示，选择"OK"，按 Enter 键。

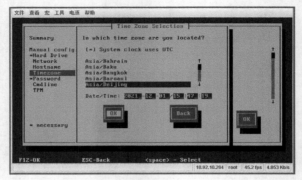

图 2-1-11

第 12 步，配置计算节点的密码，如图 2-1-12 所示，输入完成后选择"OK"，按 Enter 键。

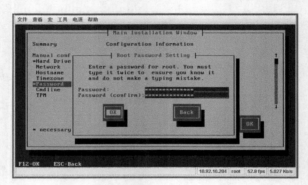

图 2-1-12

第 13 步，计算节点主要参数配置完成，如图 2-1-13 所示，单击"OK"，按 Enter 键。

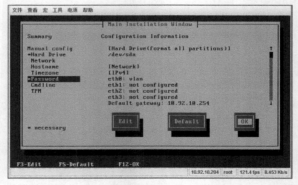

图 2-1-13

第 14 步，确定配置参数是否正确，如图 2-1-14 所示，选择"Yes"，按 Enter 键开始安装。

图 2-1-14

第 15 步，开始格式化硬盘安装，如图 2-1-15 所示。

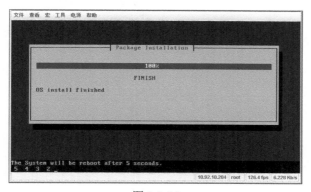

图 2-1-15

第 16 步，安装完成并重启服务器，如图 2-1-16 所示。

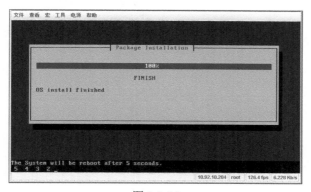

图 2-1-16

第 17 步，重启完成后登录计算节点，计算节点使用华为深度开发的 Linux 系统，其 Linux 内核为 3.10.0，如图 2-1-17 所示。

图 2-1-17

至此，在物理服务器上部署 CNA 计算节点完成。VMware vSphere 虚拟化架构下的 ESXi 主机可以通过浏览器配置并单机使用，而 CNA 计算节点无法直接通过浏览器配置并单机使用，它需要部署 VRM 后才能使用。

2.2   本章小结

本章介绍了部署 CNA 8 计算节点的硬件要求以及所需的软件包，并且在物理服务器上成功部署 CNA 8 计算节点。需要说明的是，基于 ARM 架构的部署与基于 x86 架构的基本相同，CNA 8 计算节点的部署难度很小，只要满足基本条件，都可以完成部署。

扫码观看
本章配套视频

第 2 章（第 1 部分）

扫码观看
本章配套视频

第 2 章（第 2 部分）

第 3 章
部署 VRM

VRM 作为 FusionCompute 平台中的管理端，能够管理集群中的 CNA 计算节点、网络资源、存储资源。通过对虚拟资源、用户数据的统一管理，VRM 对外提供弹性计算、存储等服务。运维人员可以通过浏览器访问 VRM，对整个系统进行资源管理、资源监控、资源报表等的操作和维护。本章介绍 VRM 的部署等。

本章要点
- 部署 VRM 简介
- 升级 VRM 以及 CNA

3.1 部署 VRM 简介

VRM 可以部署在虚拟机以及物理服务器上，可以单机部署或主备部署，我们需要结合生产环境的实际情况进行选择。

3.1.1 部署 VRM 8 的前提条件

在生产环境中部署 VRM，需要根据使用规模来决定相关配件配置。若生产环境是中小环境，推荐使用虚拟机并选择主备模式进行部署。若生产环境是大型环境，推荐使用物理服务器进行部署。华为官方推荐的 VRM 配置如表 3-1-1 所示。

表 3-1-1   VRM 配置信息

管理规模	VRM 配置（最低配置）	部署方式
1000 台虚拟机，50 台物理主机	vCPU≥4 个 内存≥6GB 硬盘≥140GB	虚拟机
3000 台虚拟机，100 台物理主机	vCPU≥8 个 内存≥8GB 硬盘≥140GB	虚拟机

续表

管理规模	VRM 配置（最低配置）	部署方式
5000 台虚拟机，200 台物理主机	vCPU≥12 个 内存≥16GB 硬盘≥140GB	物理服务器
10000 台虚拟机，1000 台物理主机	vCPU≥30 个 内存≥40GB 硬盘≥140GB	物理服务器

3.1.2　使用工具部署 VRM（主备模式）

部署 VRM 前需要准备好 CNA 计算节点或物理服务器，同时下载好 VRM 软件包（参考表 2-1-1）。本小节介绍使用安装工具以主备模式部署 VRM。

第 1 步，运行安装工具，勾选组件"FusionCompute→VRM"，如图 3-1-1 所示，单击"下一步"按钮。

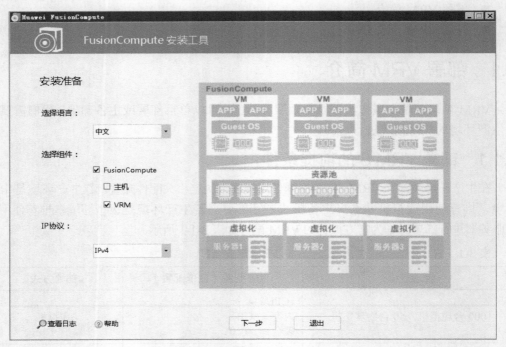

图 3-1-1

第 2 步，选择"典型安装"模式，如图 3-1-2 所示，单击"下一步"按钮。

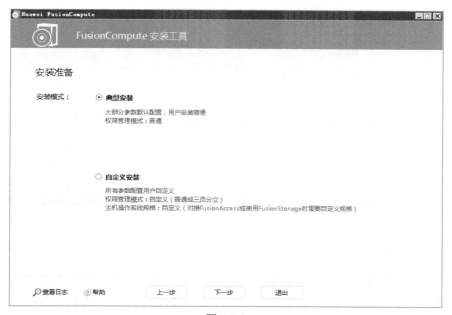

图 3-1-2

第 3 步，指定安装包路径，单击"开始检测"按钮进行安装前检查，如图 3-1-3 所示。

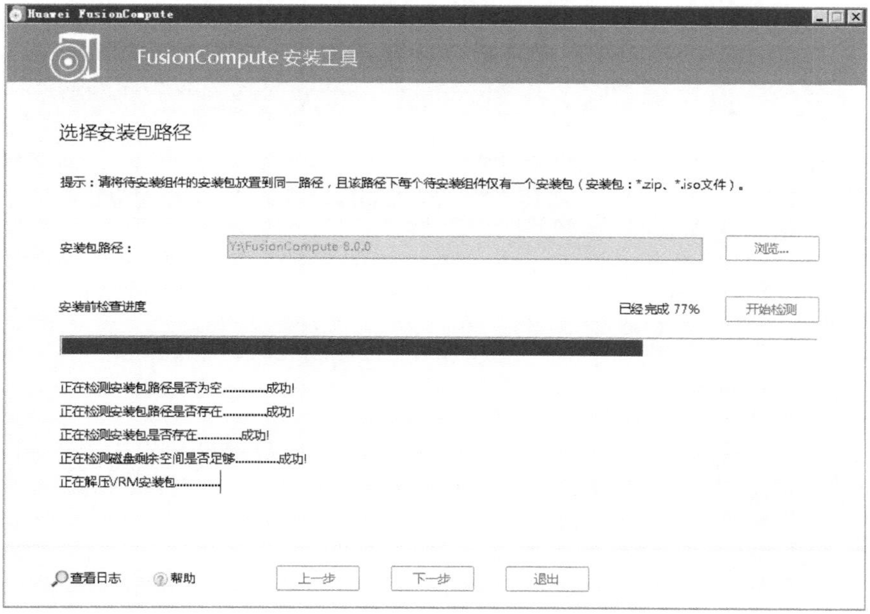

图 3-1-3

第 4 步，检测成功，如图 3-1-4 所示，单击"下一步"按钮。

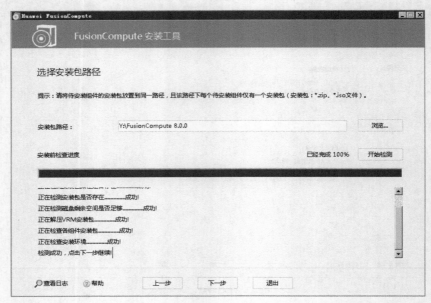

图 3-1-4

第 5 步，进入 VRM 部署向导，如图 3-1-5 所示，单击"下一步"按钮。

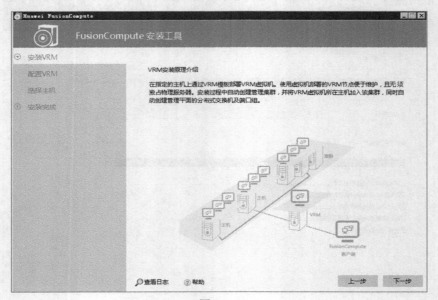

图 3-1-5

第 6 步，选择"主备安装"模式，选择系统规模，配置 IP 地址等参数，如图 3-1-6 所示，单击"下一步"按钮。

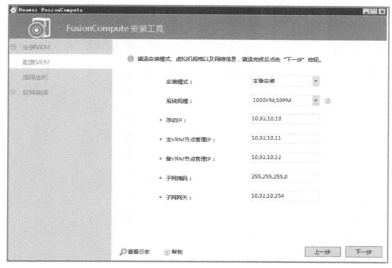

图 3-1-6

第 7 步，VRM 虚拟机会以主备模式分别部署在两台 CNA 计算节点主机上，需要输入 CNA 计算节点主机的"管理 IP"以及"root 密码"，如图 3-1-7 所示，单击"开始安装 VRM"按钮。

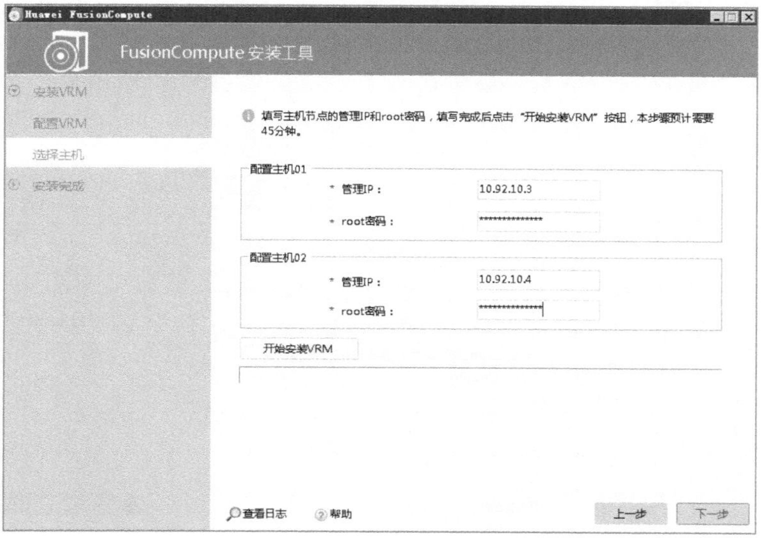

图 3-1-7

第 8 步，系统开始解压组件，如图 3-1-8 所示。

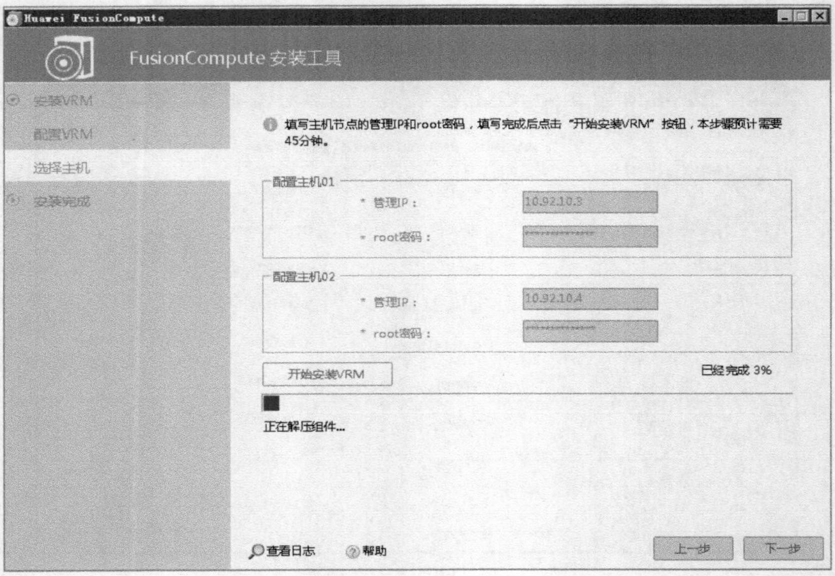

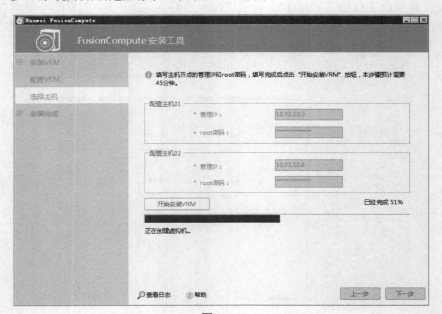

图 3-1-8

第 9 步，系统开始创建虚拟机，如图 3-1-9 所示。

图 3-1-9

第 10 步，由于采用主备模式部署 VRM，系统会自动配置虚拟机 HA（High Availability，高可用性）特性，如图 3-1-10 所示。

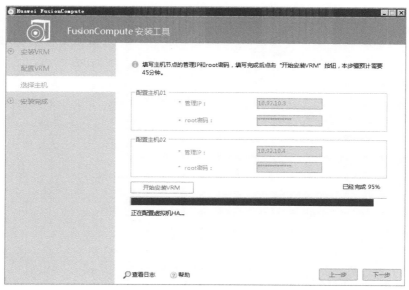

图 3-1-10

第 11 步，系统安装成功，如图 3-1-11 所示，单击"下一步"按钮。

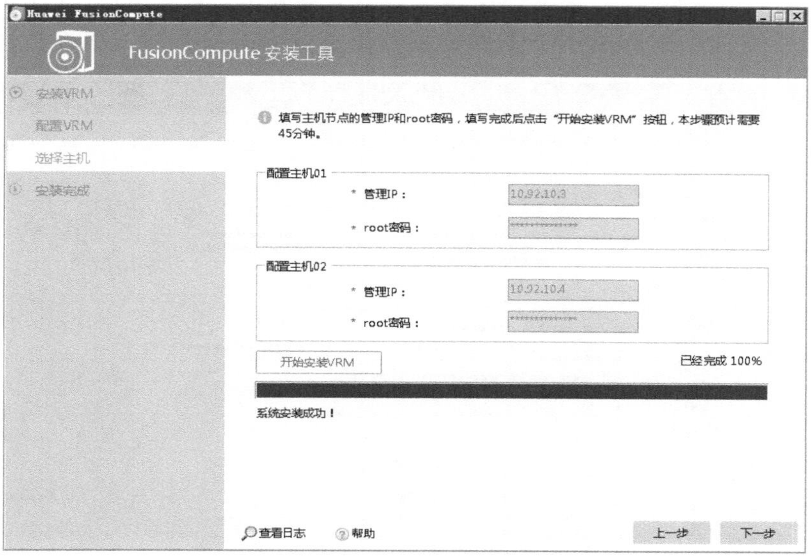

图 3-1-11

第 12 步，主备 VRM 安装成功，默认用户名为 admin，默认密码为 IaaS@PORTAL-CLOUD8!，如图 3-1-12 所示，单击"完成"按钮。

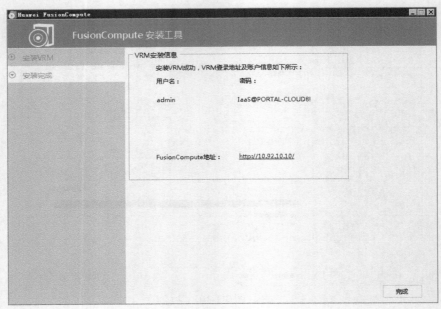

图 3-1-12

第 13 步，使用浏览器登录 VRM，第一次登录会弹出"最终用户许可协议"界面，勾选"我已阅读并同意《最终用户许可协议》。"，如图 3-1-13 所示，单击"确定"按钮。

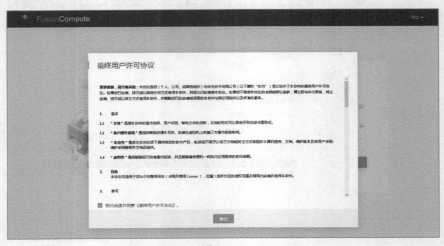

图 3-1-13

第 14 步，输入默认用户名以及默认密码登录系统，如图 3-1-14 所示，单击"登录"按钮。需要注意的是，首次登录需要修改默认密码。

图 3-1-14

第 15 步，成功登录后，VRM 主界面如图 3-1-15 所示。

图 3-1-15

第 16 步，单击图 3-1-16 所示的"ManagementCluster"，可以看到集群的资源情况，也可以看到 VRM 虚拟机位于两台 CNA 计算节点主机上。

图 3-1-16

第 17 步，单击其中一台 CNA 计算节点主机名称，可以看到主机资源使用情况，如图 3-1-17 所示。

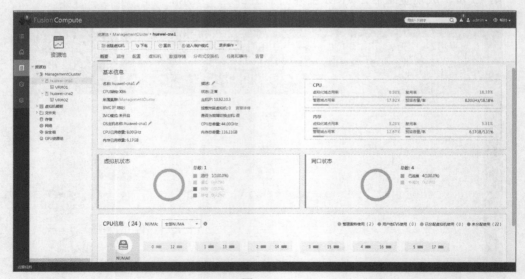

图 3-1-17

第 18 步，单击 VRM 虚拟机名称，可以看到 VRM 虚拟机资源使用情况，如图 3-1-18 所示。

图 3-1-18

　　至此，使用工具并以主备模式部署 VRM 完成。单节点部署与主备模式部署基本相同，在日常功能上没有差异，主要的区别在于，单节点部署模式无法提供冗余，如果单节点 VRM 虚拟机出现故障，管理操作将无法进行。所以，生产环境中推荐使用主备模式进行部署。

3.1.3　使用镜像部署 VRM（主备模式）

　　与使用工具部署 VRM 不同，使用镜像部署 VRM 类似于安装 Linux 系统。VRM 使用的是华为自主研发的 EulerOS。使用镜像部署 VRM 时，可以用虚拟机也可以用物理服务器进行部署，使用物理服务器时需要注意其兼容性。本小节介绍使用镜像以主备模式部署 VRM。

　　第 1 步，将 VRM 安装文件 FusionCompute_VRM-8.0.0-X86_64.iso 挂载到虚拟机或物理服务器上进行引导，选择 "Install"，如图 3-1-19 所示。

图 3-1-19

第 2 步，系统开始加载安装文件，如图 3-1-20 所示。需要注意加载文件时是否出错，如果出错，安装部署可能会失败。

```
[  OK  ] Started Journal Service.
         Starting Flush Journal to Persistent Storage...
[  OK  ] Started Flush Journal to Persistent Storage.
[  OK  ] Started udev Wait for Complete Device Initialization.
[  OK  ] Reached target System Initialization.
[  OK  ] Listening on D-Bus System Message Bus Socket.
[  OK  ] Listening on Open-iSCSI iscsid Socket.
[  OK  ] Listening on Open-iSCSI iscsiuio Socket.
[  OK  ] Listening on RPCbind Server Activation Socket.
[  OK  ] Reached target Sockets.
[  OK  ] Reached target Basic System.
[  OK  ] Started Getty on tty2.
[  OK  ] Started Getty on tty6.
[  OK  ] Started Entropy Daemon based on the HAVEGE algorithm.
         Starting Update RTC With System Clock...
[  OK  ] Started Getty on tty5.
[  OK  ] Started Getty on tty4.
[  OK  ] Reached target Login Prompts.
         Starting Dump dmesg to /var/log/dmesg...
[  OK  ] Started Euler Linux Setup Service.
[  OK  ] Started Update RTC With System Clock.
[  OK  ] Reached target Initrd Default Target.
[  OK  ] Started Dump dmesg to /var/log/dmesg.
Starting to sort network interface card...
```

图 3-1-20

第 3 步，选择部署 VRM 使用的硬盘，如图 3-1-21 所示，选择"Edit"，按 Enter 键。

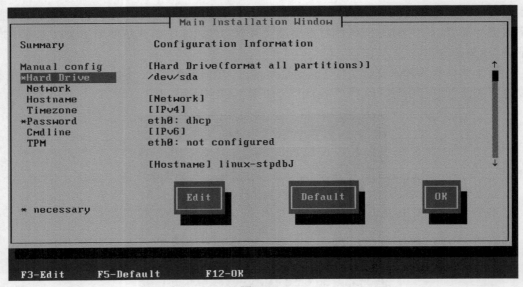

图 3-1-21

第 4 步，如果虚拟机或物理服务器有多块硬盘，可以选择使用软件阵列，如图 3-1-22 所示，选择"OK"，按 Enter 键。需要注意的是，部署 VRM 需要 100GB 以上的硬盘空间，如果硬盘空间不足，部署无法继续进行。

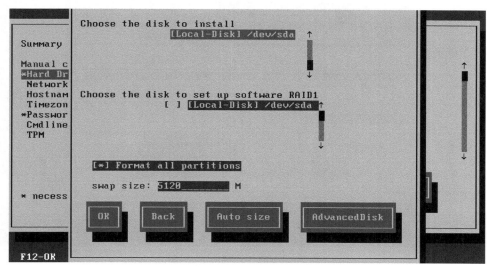

图 3-1-22

第 5 步，选择配置 VRM 网络，VRM 支持 IPv4 以及 IPv6 两种标准，根据生产环境实际情况选择即可，如图 3-1-23 所示，确定选择 IPv4 后，选择"OK"，按 Enter 键。

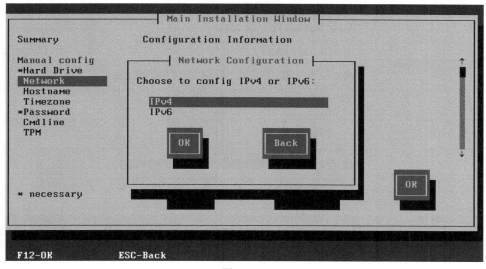

图 3-1-23

第 6 步，配置网络相关参数，如图 3-1-24 所示，输入完成后选择"OK"，按 Enter 键。

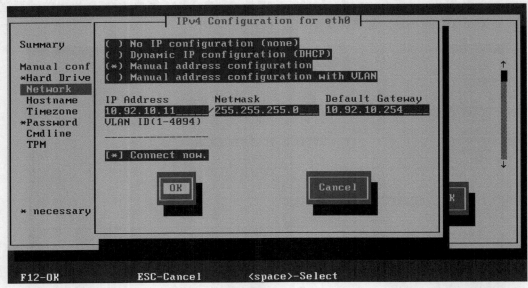

图 3-1-24

第 7 步，配置 VRM 主机名，如图 3-1-25 所示，输入完成后选择"OK"，按 Enter 键。

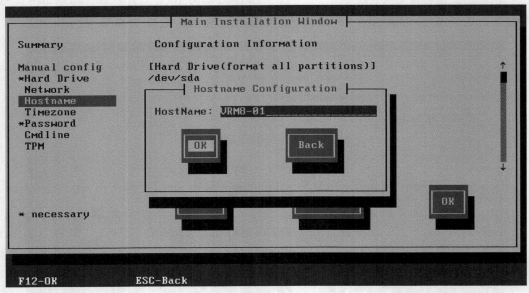

图 3-1-25

第 8 步，配置 root 密码，如图 3-1-26 所示，输入完成后选择 "OK"，按 Enter 键。

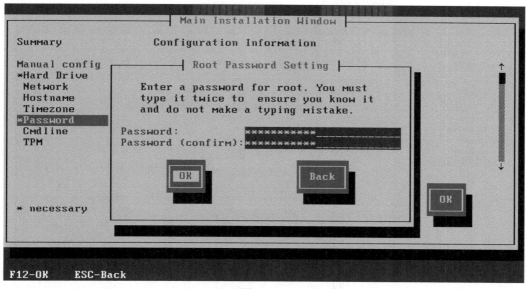

图 3-1-26

第 9 步，确认 VRM 参数是否正确，如图 3-1-27 所示，选择 "OK"，按 Enter 键。

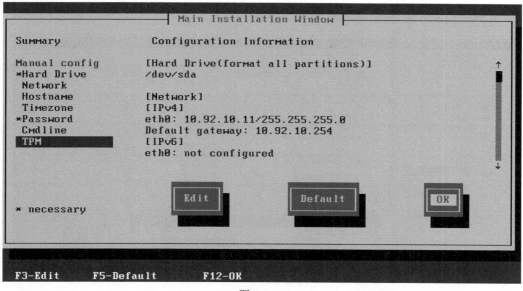

图 3-1-27

第 10 步，系统提示确认配置完成，选择"Yes"，按 Enter 键开始部署 VRM，如图 3-1-28 所示。

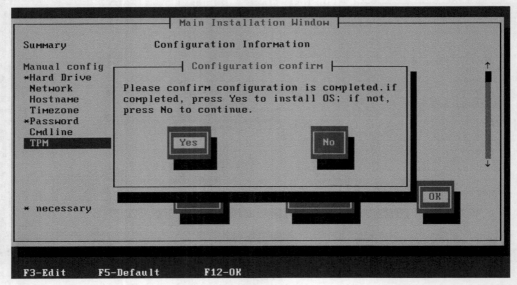

图 3-1-28

第 11 步，系统出现警告提示，若继续，则会格式化所选择的分区，如图 3-1-29 所示，选择"Yes"，按 Enter 键。

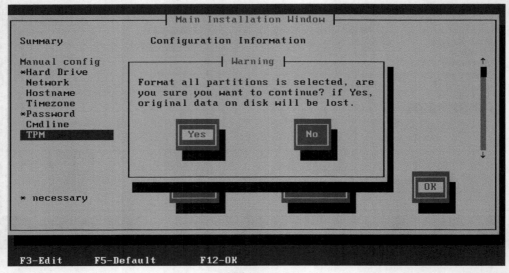

图 3-1-29

第 12 步, 开始格式化分区并部署 VRM, 如图 3-1-30 所示。

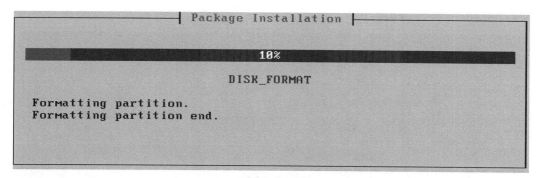

图 3-1-30

第 13 步, VRM 部署完成, 如图 3-1-31 所示。

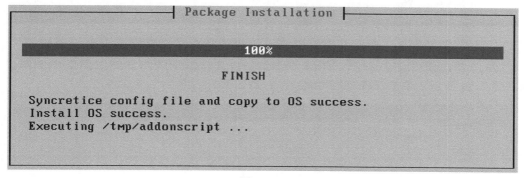

图 3-1-31

第 14 步, 部署 VRM 完成后需要重启, 如图 3-1-32 所示。

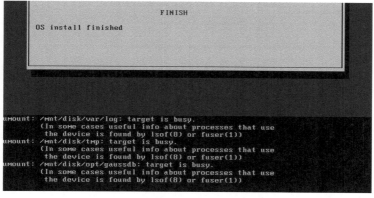

图 3-1-32

第 15 步，使用 root 用户登录 VRM，执行相关命令，可以看到配置的 IP 地址以及 Linux 系统版本信息，如图 3-1-33 所示。

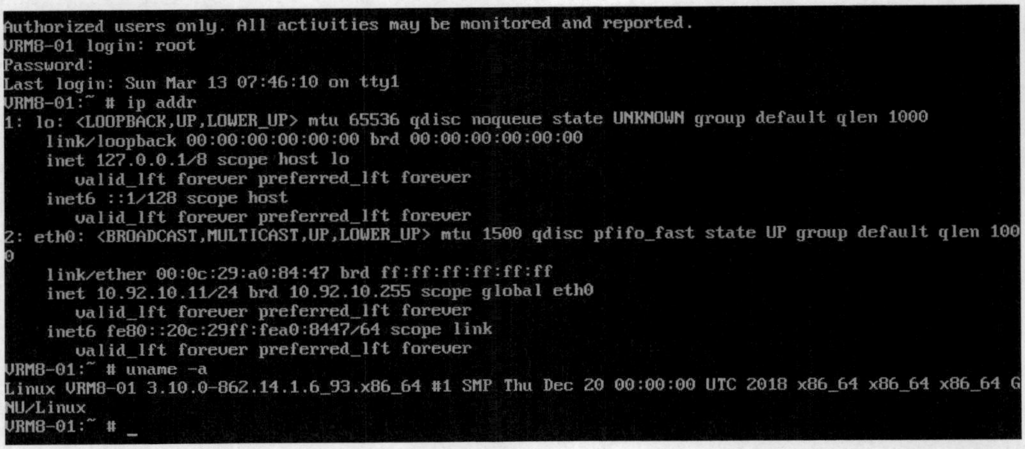

图 3-1-33

第 16 步，使用浏览器登录 VRM，勾选"我已阅读并同意《最终用户许可协议》。"，如图 3-1-34 所示，单击"确定"按钮。

图 3-1-34

第 17 步，第一次登录需要修改默认密码，admin 用户的默认密码为 IaaS@PORTAL-CLOUD8!，输入密码后单击"确定"按钮，如图 3-1-35 所示。

图 3-1-35

第 18 步，登录 VRM 主界面，可以看到虚拟化资源池相关数据均为 0，如图 3-1-36 所示。其原因是还未将 CNA 计算节点添加至 VRM。

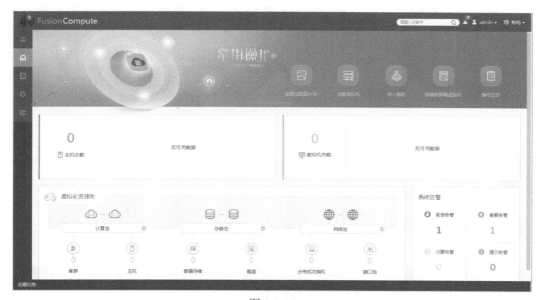

图 3-1-36

第 19 步，查看资源池的概要信息，主机状态等显示为"无可用数据"，如图 3-1-37 所示。

图 3-1-37

第 20 步，查看服务和管理节点信息，可以看到 VRM 运行模式为单节点，如图 3-1-38 所示。

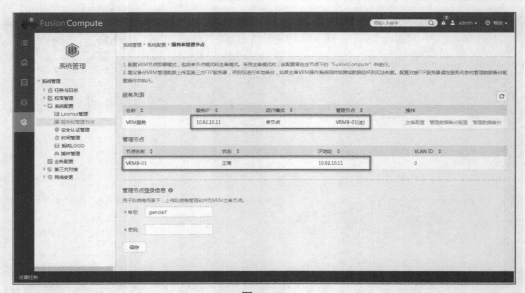

图 3-1-38

第 21 步，用相同的方式再部署一台 IP 地址为 10.92.10.12 的 VRM，以便创建 VRM

集群，如图 3-1-39 所示，完成后请单击"主备配置"。

图 3-1-39

第 22 步，配置节点参数，输入本节点 IP 地址以及对端 IP 地址，如图 3-1-40 所示，单击"获取主机名称"。

第 23 步，配置管理平面 VRM 浮动 IP 地址，根据实际情况输入 IP 地址以及子网掩码，如图 3-1-41 所示。

图 3-1-40   图 3-1-41

第 24 步，配置仲裁 IP 地址，推荐使用网关、DNS（Domain Name System，域名系统）服务器等地址，如图 3-1-42 所示，单击"确定"按钮。

　　第 25 步，系统提示更改主备配置会引起服务暂时中断，如图 3-1-43 所示，在生产环境中使用时需要注意，这里单击"确定"按钮。

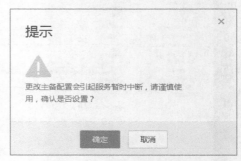

图 3-1-42　　　　　　　　　　　　　　　　图 3-1-43

　　第 26 步，使用"ping"命令监控 VRM 浮动 IP 地址，如果 Ping 通则说明 VRM 集群服务已经启动，如图 3-1-44 所示。

图 3-1-44

第 27 步，使用浮动 IP 地址重新登录 VRM，如图 3-1-45 所示。

图 3-1-45

第 28 步，查看服务和管理节点信息，可以看到 VRM 运行模式为主备，如图 3-1-46 所示。

图 3-1-46

第 29 步，VRM 配置主备模式后，VRM 单节点均无法登录，如图 3-1-47 所示。

图 3-1-47

第 30 步，在资源池中创建集群，设置"基本信息"，如图 3-1-48 所示，单击"下一步"按钮。

图 3-1-48

第 31 步，进行基本配置，可以使用默认参数，后续再进行调整，如图 3-1-49 所示，单击"下一步"按钮。

图 3-1-49

第 32 步，确认创建集群的信息是否正确，如图 3-1-50 所示，若正确，单击"确定"按钮。

图 3-1-50

第 33 步，集群创建完成，如图 3-1-51 所示，单击"添加主机"按钮。

图 3-1-51

第 34 步，设置 CNA 计算节点相关的信息，如图 3-1-52 所示，单击"下一步"按钮。

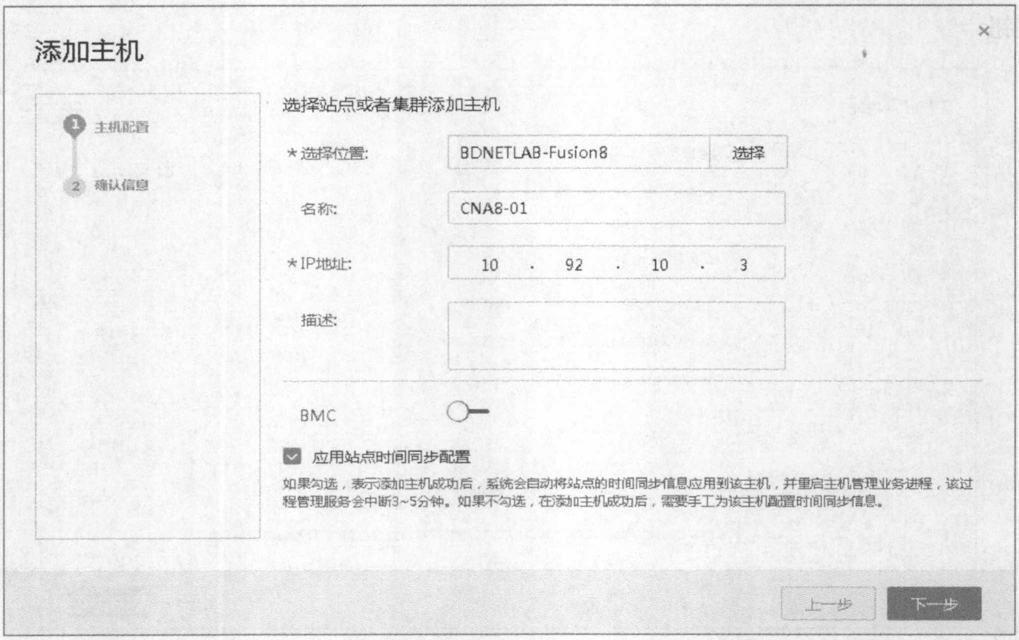

图 3-1-52

第 35 步，确认添加的主机相关信息是否正确，如图 3-1-53 所示，若正确，单击"确定"按钮。

图 3-1-53

第 36 步，系统开始添加 CNA 计算节点，如图 3-1-54 所示。

图 3-1-54

第 37 步，CNA 计算节点添加完成后，可以看到节点主机基本信息，如图 3-1-55 所示。

图 3-1-55

第 38 步，以相同方式添加另一个 CNA 计算节点，其主机基本信息如图 3-1-56 所示。

图 3-1-56

　　第 39 步，查看 VRM 相关信息，可以看到虚拟化资源池中的计算池有 1 个集群和 2 台主机，如图 3-1-57 所示。

　　至此，使用镜像部署 VRM 完成，其部署过程类似于部署 CNA 计算节点。华为将 EulerOS 以及 VRM 程序进行了打包，部署完成后即可使用。如果使用物理服务器部署 VRM，需要注意硬件兼容性问题，作者在项目中就遇到过部署 EulerOS 时无法识别阵列卡、网卡等情况。另外，在测试环境中，如果使用虚拟机部署 CNA 计算节点，将 CNA 计算节点添加到 VRM 过程中可能会遇到"添加主机过程中刷新资源失败，请检查系统状态"的提示，这是 CNA 计算节点对嵌套式不支持所导致的，建议使用物理服务器部署 CNA 计算节点。

图 3-1-57

3.2　升级 VRM 以及 CNA

在生产环境中，通常会根据官方发布的升级包对系统进行升级，VRM 和 CNA 计算节点的升级和其他系统的升级不太一样，需要使用升级安装工具。本节介绍如何升级 VRM 和 CNA。

3.2.1　升级使用的升级包

可在华为官网下载对应的升级包。升级至 8.0.1 版本使用的升级包如表 3-2-1 所示。

表 3-2-1　　　　　　　　升级至 8.0.1 版本使用的升级包

升级包名称	说明	获取方式
FusionComputeUpdateTool_8.0.1.2	升级安装工具	华为官网 http://support.huawei.com/，搜索升级包名称进行下载
FusionCompute 8.0.1_CNA_Upgrade	CNA 升级包	
FusionCompute 8.0.1_VRM_Upgrade	VRM 升级包	
VMTOOLSV300R000C00SPC011B010	VMTools 升级包	

3.2.2　升级 VRM 至 8.0.1

任何升级操作都是具有风险的,进行升级前请评估是否必须升级,以及是否需要虚拟机备份等操作。本小节将 VRM 升级至 8.0.1 版本。

第 1 步,查看原 VRM 版本信息,版本信息为 FusionCompute 8.0.0 基础版,如图 3-2-1 所示。

图 3-2-1

第 2 步,解压下载好的升级安装工具,以管理员身份运行名为 start 的批处理文件,如图 3-2-2 所示。

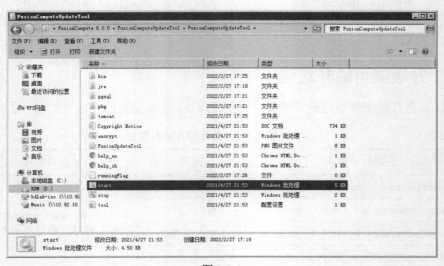

图 3-2-2

第 3 步，启动升级安装工具，注意使用的 IP 地址以及端口，如图 3-2-3 所示。

图 3-2-3

第 4 步，使用浏览器打开升级管理系统，系统初始用户名为 admin，初始密码为 IaaS@PORTAL-CLOUD8!，如图 3-2-4 所示。

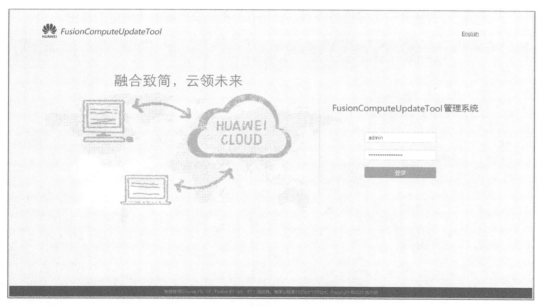

图 3-2-4

第 5 步，登录升级安装工具主界面，如图 3-2-5 所示，单击"新建升级工程"按钮。

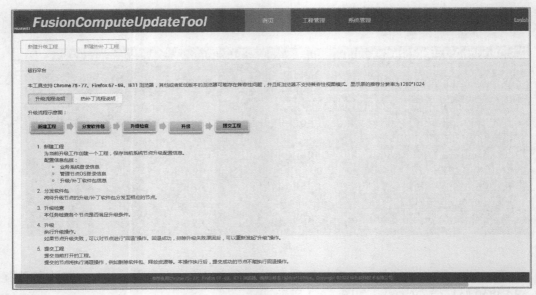

图 3-2-5

第 6 步，对新建升级工程进行命名，如图 3-2-6 所示，单击"确定"按钮。

图 3-2-6

第 7 步，新建环境，输入环境名称，如图 3-2-7 所示，单击"确定"按钮。

图 3-2-7

第 8 步，选择升级模式，升级安装工具支持 VRM、CNA 以及虚拟机驱动等多种升级，如图 3-2-8 所示。

图 3-2-8

也可以根据需求选择自定义模式。本小节介绍的是升级 VRM 以及 CNA，如图 3-2-9 所示，升级需要上传对应的升级包，单击“上传升级包”按钮。

HUAWEI
FusionComputeUpdateTool
首页
工程管理
系统管理
English
新建环境
删除环境
FusionCompute
升级模式
典型模式
自定义模式
FusionCompute
VRM
CNA
虚拟机驱动
FusionCompute VMTools
SIA
FusionSphere SIA
上传升级包
类型
名称
是否完整
VRM升级包
没有该组件升级包，请上传
否
CNA升级包
没有该组件升级包，请上传
否
取消
上一步
下一步

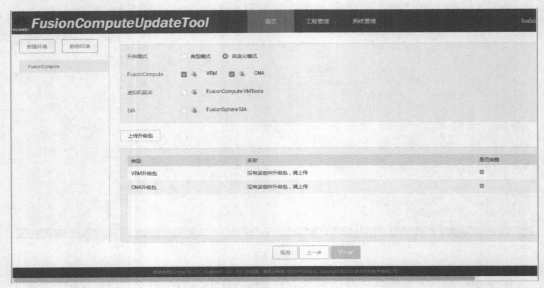

图 3-2-9

第 9 步，选择下载好的 VRM 升级包以及 CNA 升级包进行上传，如图 3-2-10 所示，单击“开始上传”按钮。

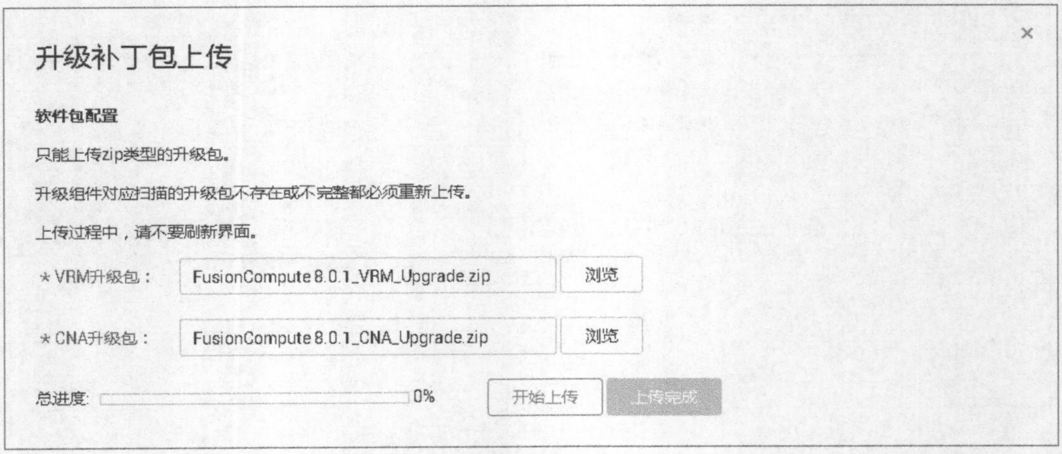

升级补丁包上传
软件包配置
只能上传zip类型的升级包。
升级组件对应扫描的升级包不存在或不完整都必须重新上传。
上传过程中，请不要刷新界面。
* VRM升级包：
FusionCompute 8.0.1_VRM_Upgrade.zip
浏览
* CNA升级包：
FusionCompute 8.0.1_CNA_Upgrade.zip
浏览
总进度:
0%
开始上传
上传完成

图 3-2-10

第 10 步，升级包上传后，一定要确认升级包检测完成、上传完成以及校验完成，如

图 3-2-11 所示，单击"上传完成"按钮。

图 3-2-11

第 11 步，升级包上传完成且完整，如图 3-2-12 所示，单击"下一步"按钮。

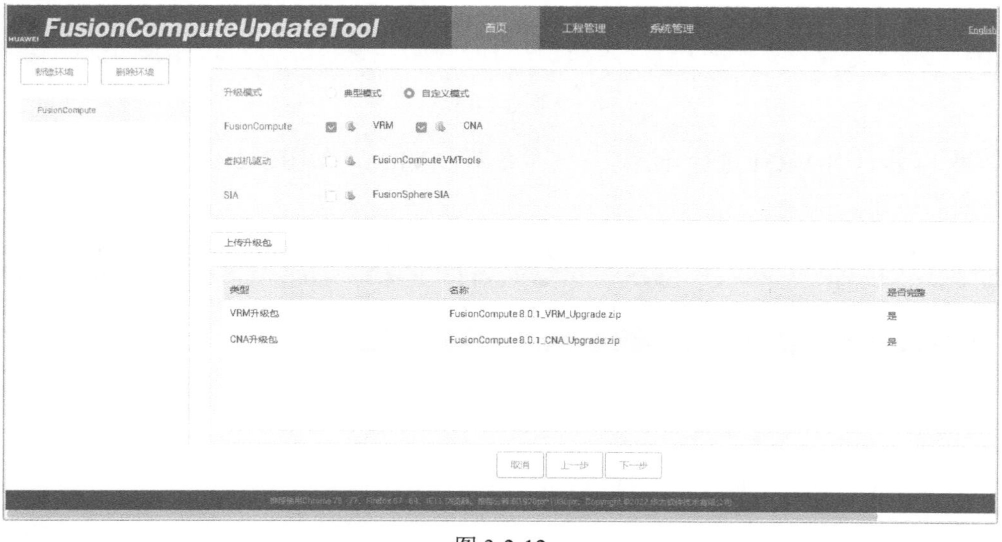

图 3-2-12

第 12 步，设置 VRM 相关信息，注意 VRM 部署方式的选择，gesysman 用户的默认密码为 GeEnginE@123，gandalf 用户的默认密码为 IaaS@OS-CLOUD9!，root 用户的默认密码为 IaaS@OS-CLOUD8!。设置完成后进行参数校验，必须确保参数校验成功，如

图 3-2-13 所示，校验完成后单击"创建工程"按钮。

图 3-2-13

第 13 步，至此，升级工程创建完成，如图 3-2-14 所示，单击工程名称即可进入工程。

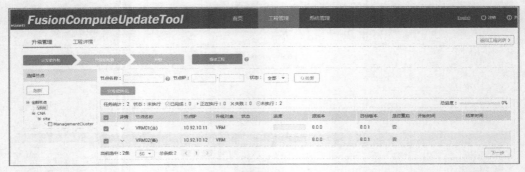

图 3-2-14

第 14 步，对 VRM 进行升级，勾选主备两台 VRM，如图 3-2-15 所示，单击"分发软件包"按钮。

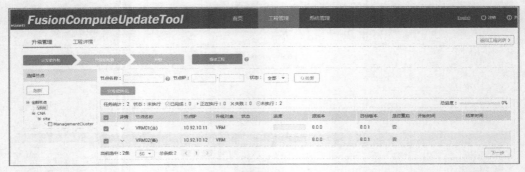

图 3-2-15

第 15 步，软件包分发完成，其进度均为 100%，如图 3-2-16 所示，单击"下一步"按钮。

图 3-2-16

第 16 步，分发完成后需要进行升级前检查，如图 3-2-17 所示，单击"升级前检查"按钮。

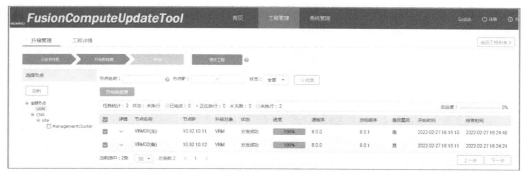

图 3-2-17

第 17 步，升级前的检查可能会失败，如图 3-2-18 所示，VRM01 升级前检查失败，需要查看详细信息以查找失败原因。

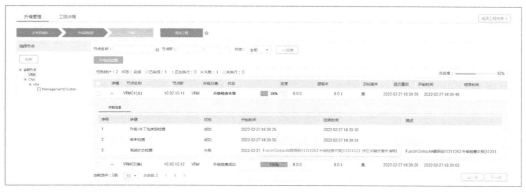

图 3-2-18

第 18 步，解决问题后重新进行升级前检查。当主备 VRM 均检查成功，如图 3-2-19 所示，可单击"升级"按钮。

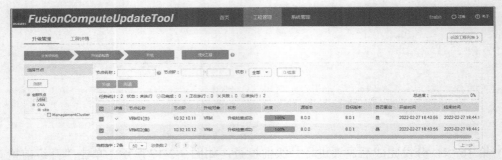

图 3-2-19

第 19 步，系统提示是否设置第三方驱动生效检测，如图 3-2-20 所示，可以根据实际情况选择，然后单击"确定"按钮。

图 3-2-20

第 20 步，开始对 VRM 进行升级操作，如图 3-2-21 所示。

图 3-2-21

第 21 步，升级过程，VRM 浮动 IP 地址不能访问，也就是说，VRM 不能提供管理服务，如图 3-2-22 所示。建议在非工作时间进行升级操作。

图 3-2-22

第 22 步，主备 VRM 升级操作完成，如图 3-2-23 所示。

图 3-2-23

第 23 步，重新登录 VRM，勾选"我已阅读并同意《最终用户许可协议》。"，如图 3-2-24 所示，单击"确定"按钮。

第 24 步，系统提示未加载商用 License，将在 90 天后失效的信息，如图 3-2-25 所示，单击"确定"按钮。

第 25 步，查看 VRM 版本，已升级到 8.0.1，如图 3-2-26 所示。

图 3-2-24

图 3-2-25

图 3-2-26

至此，VRM 版本从 8.0.0 升级至 8.0.1。在此过程中，比较容易出问题的地方是升级前检查，检查失败将无法进行下一步操作，需要根据失败提示解决问题后重新进行检查操作，检查成功后才能进行升级操作。最后需要注意的是，如果不加载商用 License，有 90 天的使用期限限制。

3.2.3　升级 CNA 至 8.0.1

升级 CNA 的操作与升级 VRM 的操作基本相同。需要说明的是，升级前请评估是否必须升级，以及是否需要备份、迁移虚拟机等操作。本小节介绍将 CNA 升级至 8.0.1。

第 1 步，勾选需要升级的 CNA，如图 3-2-27 所示，单击"分发软件包"按钮。

图 3-2-27

第 2 步，进行软件包分发，软件包分发到 huawei-cna2 计算节点主机失败，如图 3-2-28 所示。需要查看出错信息并在节点主机上进行排错处理。

图 3-2-28

第 3 步，排错后重新进行软件包分发，确保分发成功，如图 3-2-29 所示，单击"升级前检查"按钮。

图 3-2-29

第 4 步，完成升级前检查后，进度为 100%，如图 3-2-30 所示，单击"升级"按钮。

图 3-2-30

第 5 步，选择升级方式，其中，离线模式需要关闭虚拟机，如图 3-2-31 所示。

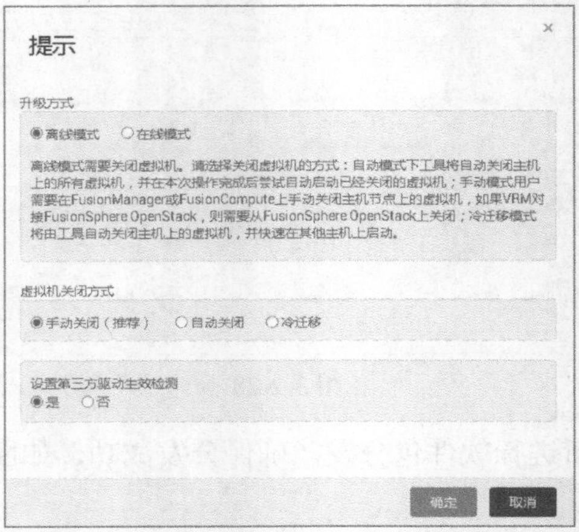

图 3-2-31

第 6 步，选择在线模式会自动迁移所选 CNA 上的虚拟机，但如果存在不能迁移的虚拟机，需要手动关闭虚拟机。生产环境中推荐使用在线模式，如图 3-2-32 所示，接下来单击"确定"按钮。

图 3-2-32

第 7 步，开始对 CNA 计算节点主机进行升级操作，如图 3-2-33 所示。

图 3-2-33

第 8 步，在升级过程中，CNA 计算节点主机会重启，如图 3-2-34 所示。

第 9 步，一台 CNA 计算节点主机升级完成后，另一台才会进行升级，如图 3-2-35 所示。

第 10 步，两台 CNA 计算节点主机升级成功，如图 3-2-36 所示。

图 3-2-34

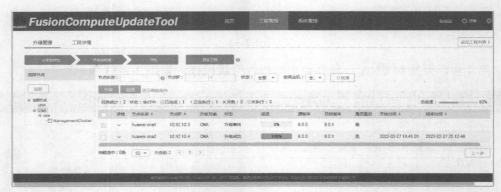

图 3-2-35

图 3-2-36

第 11 步，VRM 升级和 CNA 升级完成后可以进行提交工程确认，如图 3-2-37 所示，单击"提交工程"按钮。

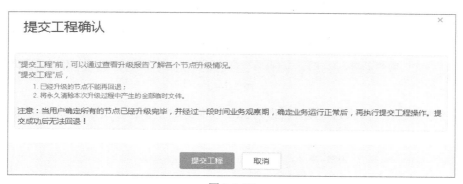

图 3-2-37

第 12 步，提交工程会收集相关信息和资料，如图 3-2-38 所示，单击"确定"按钮。

图 3-2-38

第 13 步，提交工程操作完成后，CNA 计算节点主机的状态为提交成功，如图 3-2-39 所示。

图 3-2-39

第 14 步，回到工程管理主界面，可以导出报告，如图 3-2-40 所示。

图 3-2-40

第 15 步，导出升级报告成功，报告为 XLS 文件，如图 3-2-41 所示，单击"确定"按钮。

图 3-2-41

第 16 步，查看升级报告，如图 3-2-42 所示。

图 3-2-42

第 17 步，查看分发软件包操作记录信息，如图 3-2-43 所示。

图 3-2-43

第 18 步，查看升级前检查操作记录信息，如图 3-2-44 所示。

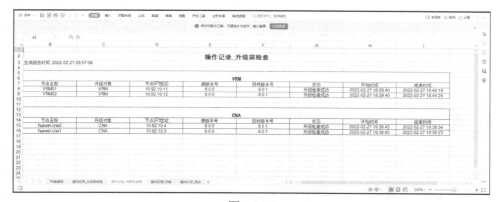

图 3-2-44

第 19 步，查看升级操作记录信息，如图 3-2-45 所示。

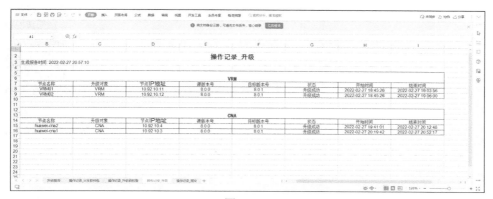

图 3-2-45

第 20 步，查看提交操作记录信息，如图 3-2-46 所示。

图 3-2-46

至此，CNA 计算节点主机版本从 8.0.0 升级至 8.0.1。与 VRM 升级过程对比，CNA 升级过程中比较容易出问题的地方是软件包分发，分发失败将无法进行下一步操作，需要根据失败提示解决问题后重新进行分发操作。

3.3　本章小结

本章详细介绍了 VRM 8 的部署，包括使用工具部署以及使用镜像部署。最后介绍了如何升级 VRM 以及 CNA。VRM 是 FusionCompute 平台的核心，生产环境中推荐采用主备模式进行 VRM 部署，同时建议购买商用 License 以便在使用过程中出现问题时可以联系华为售后进行处理。

扫码观看
本章配套视频

第 3 章

第 4 章
创建和使用虚拟机

完成 CNA 计算节点主机以及 VRM 部署后，已经可以创建并使用虚拟机。本章介绍如何创建和使用虚拟机。

本章要点

■　创建 Linux 虚拟机

■　创建 Windows 虚拟机

■　虚拟机常见操作

4.1　创建 Linux 虚拟机

FusionCompute 平台底层基于华为自主研发的 EulerOS，其内核使用 Linux 操作系统，所以该平台对 Linux 操作系统的支持非常好，主流 Linux 操作系统几乎都可以在平台上良好运行。

4.1.1　创建 Linux 虚拟机

CentOS 作为免费的、可进行二次开发的开源操作系统，虽然已停止更新，但 CentOS 7 和 CentOS 8 在生产环境中仍被大量使用。本小节介绍创建 CentOS 7 的 Linux 虚拟机。

第 1 步，选择资源池中的 ManagementCluster，如图 4-1-1 所示，单击"创建虚拟机"按钮。

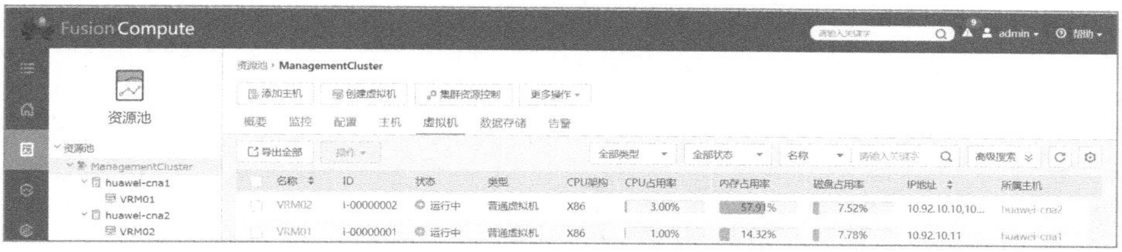

图 4-1-1

第2步，进入创建虚拟机向导，如图4-1-2所示，单击"下一步"按钮。

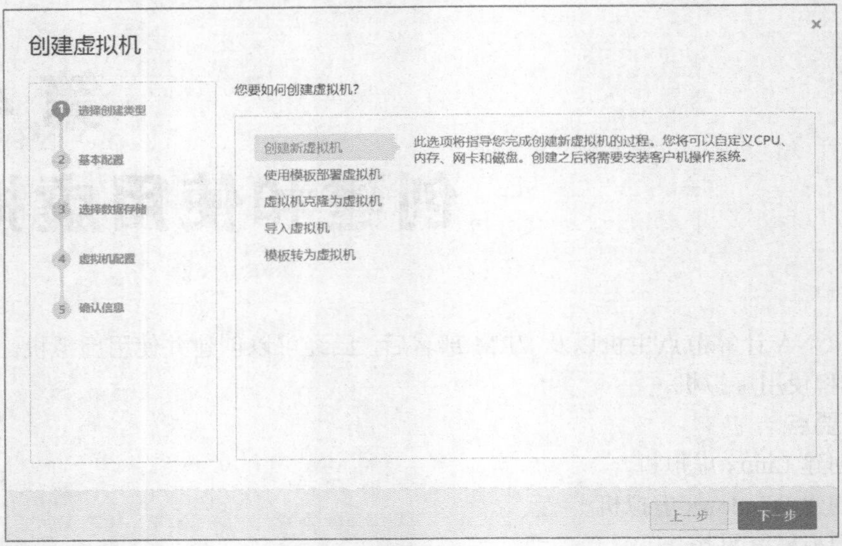

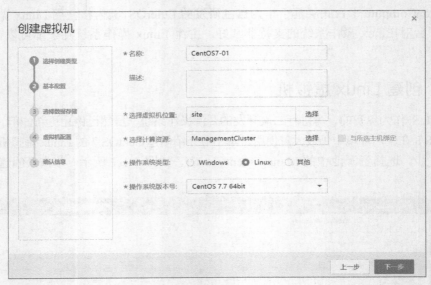

图 4-1-2

第3步，设置虚拟机基本配置信息，注意操作系统类型以及操作系统版本号的选择，如图4-1-3所示，单击"下一步"按钮。

图 4-1-3

第 4 步，选择虚拟机使用的数据存储类型，如图 4-1-4 所示，单击"下一步"按钮。

图 4-1-4

第 5 步，配置虚拟机硬件信息，如图 4-1-5 所示，单击"下一步"按钮。

图 4-1-5

第 6 步，配置虚拟机选项，如图 4-1-6 所示，单击"下一步"按钮。

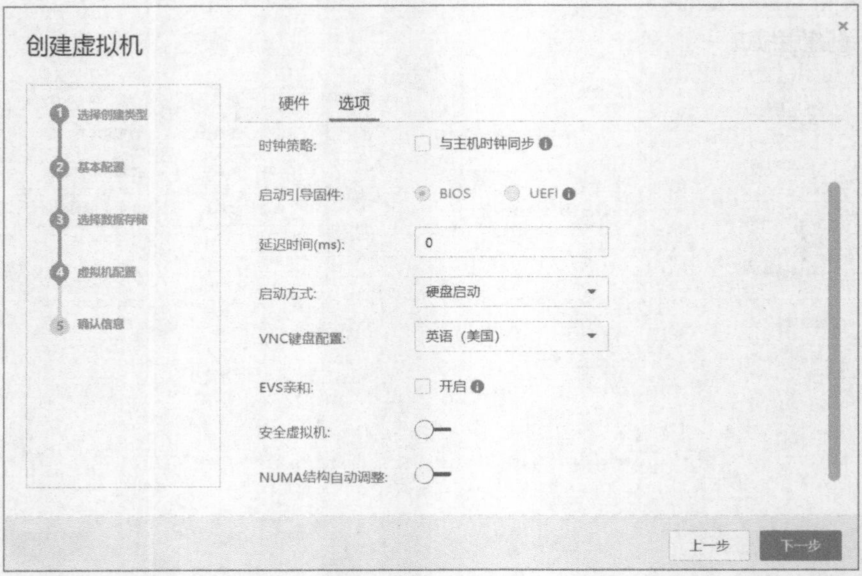

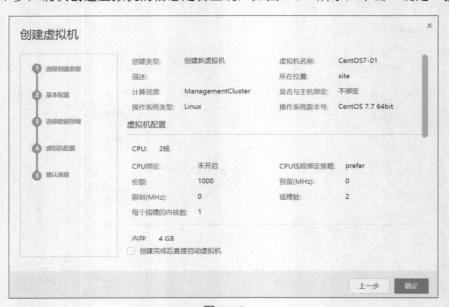

图 4-1-6

第 7 步，确认创建虚拟机的信息是否正确，如图 4-1-7 所示，单击"确定"按钮。

图 4-1-7

第 8 步，CentOS7-01 虚拟机创建完成，如图 4-1-8 所示，单击"打开电源"按钮。

图 4-1-8

第 9 步，使用 VNC 登录，可以看到虚拟机已启动，但虚拟机未安装操作系统，也未配置引导，如图 4-1-9 所示。

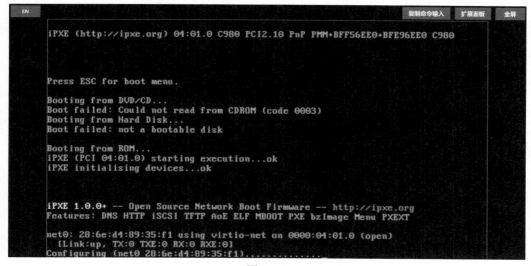

图 4-1-9

第 10 步，查看虚拟机光驱配置情况，显示目前未挂载光驱，如图 4-1-10 所示，选择以本地方式挂载光驱，单击"确定"按钮。

图 4-1-10

第 11 步，第一次使用光驱管理需要安装客户端插件，否则所有选项均为不可设置状态，无法操作，如图 4-1-11 所示，单击"链接"下载、安装插件。

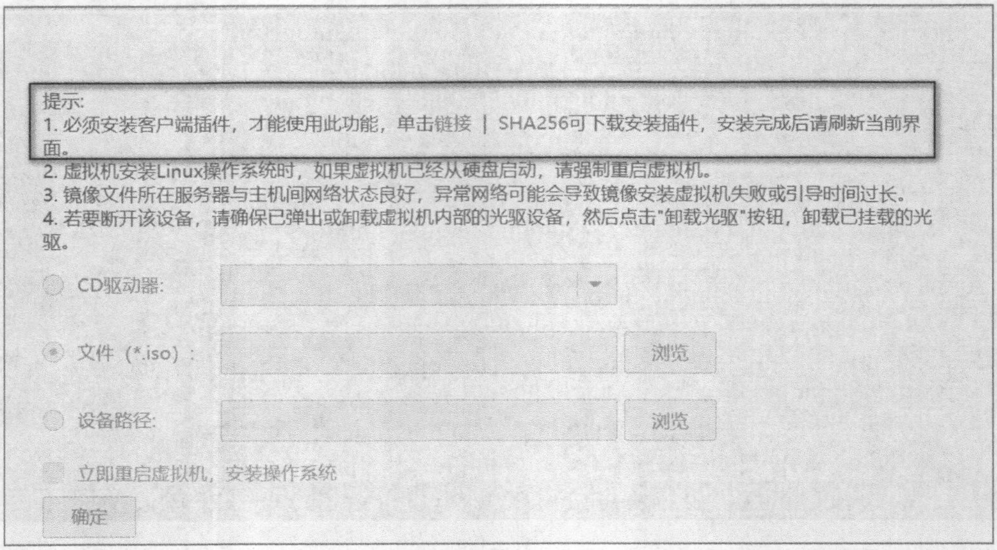

提示：
1. 必须安装客户端插件，才能使用此功能，单击链接 | SHA256可下载安装插件，安装完成后请刷新当前界面。
2. 虚拟机安装Linux操作系统时，如果虚拟机已经从硬盘启动，请强制重启虚拟机。
3. 镜像文件所在服务器与主机间网络状态良好，异常网络可能会导致镜像安装虚拟机失败或引导时间过长。
4. 若要断开该设备，请确保已弹出或卸载虚拟机内部的光驱设备，然后点击"卸载光驱"按钮，卸载已挂载的光驱。

CD驱动器：

文件 (*.iso)：　　　　　　　　　　　　　　　　浏览

设备路径：　　　　　　　　　　　　　　　　浏览

立即重启虚拟机，安装操作系统

确定

图 4-1-11

第 12 步，完成安装后刷新页面，选项就可以使用了。指定 ISO 文件，勾选"立即重启虚拟机，安装操作系统"，并单击"确定"按钮，如图 4-1-12 所示。

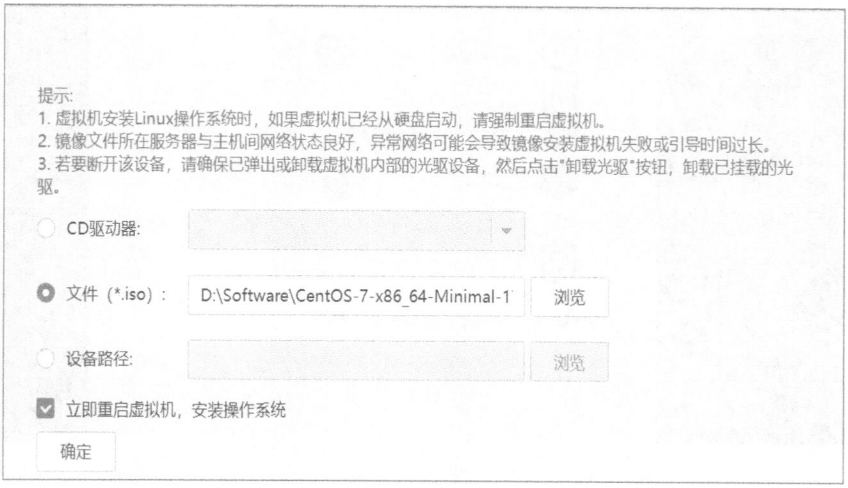

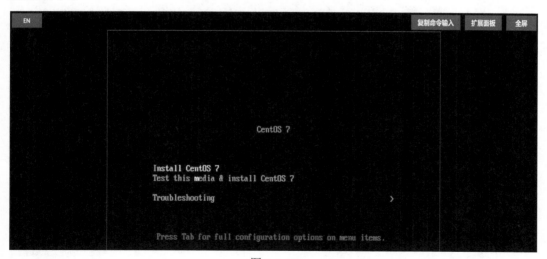

图 4-1-12

第 13 步，虚拟机重启后开始安装操作系统，如图 4-1-13 所示，请选择"Install CentOS 7"。

图 4-1-13

第 14 步，进入安装向导，选择合适的语言，单击"继续"按钮。

第 15 步，配置相关安装信息后，如图 4-1-14 所示，单击"开始安装"按钮。

图 4-1-14

第 16 步，按照相关提示配置 root 用户密码，如图 4-1-15 所示。

图 4-1-15

第 17 步，操作系统安装完成，如图 4-1-16 所示，单击"重启"按钮。

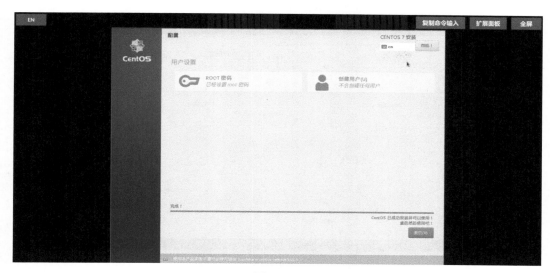

图 4-1-16

第 18 步，登录虚拟机操作系统，使用命令查看本机 IP 地址以及测试网络连通性。如图 4-1-17 所示，虚拟机安装成功并且可访问外部网络。

图 4-1-17

第 19 步，在"监控"选项卡中可以看到虚拟机的 CPU 占用率以及内存占用率信息，如图 4-1-18 所示。

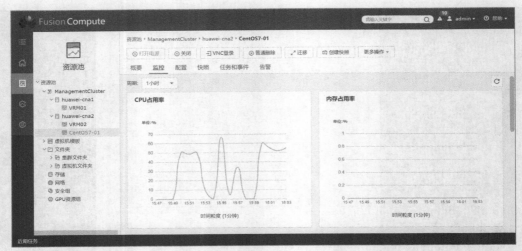

图 4-1-18

第 20 步，在"任务和事件"选项卡中可以看到虚拟机的任务和事件，如图 4-1-19 所示。

图 4-1-19

至此，基于 CentOS 7 的 Linux 虚拟机创建完成，已经可以正常使用，CentOS 8 的安装基本相同，在此不演示。整体来说，虚拟机的安装过程与物理服务器的安装过程基本相同。需要注意的是，对操作系统类型以及操作系统版本号的选择要谨慎，不能出现选择 Linux 操作系统而安装 Windows 操作系统的情况。

4.1.2 为 Linux 虚拟机安装 Tools

虚拟机硬件的使用有别于对传统物理服务器的是，安装完 Linux 操作系统后，需要安装相应的 Tools，以便虚拟硬件更加适应操作系统，同时还要为后续使用的高级特性提供服务。本小节介绍如何为 Linux 虚拟机安装 Tools。

第 1 步，查看虚拟机 Tools 运行状态，其状态为未运行，如图 4-1-20 所示，这是因为没有安装 Tools。

图 4-1-20

第 2 步，选择"Tools"中的"挂载 Tools"，如图 4-1-21 所示。

图 4-1-21

第 3 步，选择挂载 Tools 后，如图 4-1-22 所示，单击"确定"按钮。

图 4-1-22

第 4 步，使用 VNC 登录虚拟机进行操作。使用命令"mkdir"创建目录用于挂载 Tools。

```
[root@localhost ~]# mkdir /mnt/cdrom
```

第 5 步，使用命令"mount"挂载 Tools，可以看到 Tools 文件为 vmtools-3.0.0.008.tar.bz2。

```
[root@localhost ~]# mount /dev/sr0 /mnt/cdrom
mount: /dev/sr0 is write-protected, mounting read-only
[root@localhost ~]# ll /mnt/cdrom
total 17994
-r--r--r--. 1 root root 14903 Mar    9 2020 check_vmtools_integrity.list
-r-xr-xr-x. 1 root root 14713 Mar    9 2020 cpfile.sh
-r-xr-xr-x. 1 root root 6913 Mar     9 2020 get_uvp_kernel_modules
-r--r--r--. 1 root root 25 Mar       9  2020 UpgradeInfo.ini
-r--r--r--. 1 root root 18386491 Mar 9  2020 vmtools-3.0.0.008.tar.bz2
-r--r--r--. 1 root root 92 Mar  9 2020 vmtools-3.0.0.008.tar.bz2.sha256
```

第 6 步，使用命令"cp"将文件复制到本地目录。

```
[root@localhost ~]# cp /mnt/cdrom/vmtools-3.0.0.008.tar.bz2 /tmp
[root@localhost ~]# cd /tmp
[root@localhost tmp]# ll
total 17960
-rwx------. 1 root root 836 Mar 15 02:38 ks-script-_rzkeC
-r--r--r--. 1 root root 18386491 Mar 15 02:57 vmtools-3.0.0.008.tar.bz2
-rw-------. 1 root root 0 Mar 15 02:30 yum.log
```

第 7 步，使用命令"tar"解压 Tools。如果 CentOS 采用最小安装，解压 bz2 文件会出现报错提示。

```
[root@localhost tmp]# tar -xjf vmtools-3.0.0.008.tar.bz2
tar (child): bzip2: Cannot exec: No such file or directory
tar (child): Error is not recoverable: exiting now
tar: Child returned status 2
tar: Error is not recoverable: exiting now
```

第 8 步，使用命令"yum install"安装 bzip2 软件包。

```
[root@localhost tmp]# yum install bzip2 -y
Loaded plugins: fastestmirror
Loading mirror speeds from cached hostfile
 * base: mirrors.aliyun.com
 * extras: mirrors.ustc.edu.cn
 * updates: mirrors.aliyun.com
Resolving Dependencies
--> Running transaction check
---> Package bzip2.x86_64 0:1.0.6-13.el7 will be installed
--> Finished Dependency Resolution
Dependencies Resolved
=====================================================================
 Package       Arch       Version          Repository      Size
=====================================================================
Installing:
 bzip2       x86_64     1.0.6-13.el7       base            52 k
Transaction Summary
=====================================================================
Install  1 Package
Total download size: 52 k
Installed size: 82 k
Downloading packages:
warning: /var/cache/yum/x86_64/7/base/packages/bzip2-1.0.6-13.el7.x86_
        64.rpm: Header V3 RSA/SHA256 Signature, key ID f4a80eb5: NOKEY
Public key for bzip2-1.0.6-13.el7.x86_64.rpm is not installed
bzip2-1.0.6-13.el7.x86_64.rpm            | 52 kB  00:00:00
Retrieving key from file:///etc/pki/rpm-gpg/RPM-GPG-KEY-CentOS-7
Importing GPG key 0xF4A80EB5:
 Userid     : "CentOS-7 Key (CentOS 7 Official Signing Key) <security@
              centos.org>"
 Fingerprint: 6341 ab27 53d7 8a78 a7c2 7bb1 24c6 a8a7 f4a8 0eb5
 Package    : centos-release-7-7.1908.0.el7.centos.x86_64 (@anaconda)
 From       : /etc/pki/rpm-gpg/RPM-GPG-KEY-CentOS-7
Running transaction check
Running transaction test
Transaction test succeeded
Running transaction
  Installing : bzip2-1.0.6-13.el7.x86_64            1/1
  Verifying  : bzip2-1.0.6-13.el7.x86_64            1/1
Installed:
  bzip2.x86_64 0:1.0.6-13.el7
Complete!
```

第 9 步，使用命令"tar"解压 Tools 文件。

```
[root@localhost tmp]# tar -xjf vmtools-3.0.0.008.tar.bz2
[root@localhost tmp]# ll
total 17960
-rwx------. 1 root root      836 Mar 15 02:38 ks-script-_rzkeC
drwx------. 3 root root       17 Mar 15 02:40 systemd-private-
3797f9d920644f829b09c09af5ab2511-chronyd.service-iUQR3c
drwxr-xr-x. 6 root root       65 Mar  9 2020 vmtools
-r--r--r--. 1 root root 18386491 Mar 15 02:57 vmtools-3.0.0.008.tar.bz2
-rw-------. 1 root root        0 Mar 15 02:30 yum.log
```

第 10 步，进入解压目录，使用命令"./install"安装 Tools。

```
[root@localhost tmp]# cd vmtools
[root@localhost vmtools]# ll
total 112
drwxr-xr-x. 2 root root     40 Mar  9 2020 bin
drwxr-xr-x. 3 root root     20 Mar  9 2020 etc
-rwxr-xr-x. 1 root root 112419 Mar  9 2020 install
drwxr-xr-x. 3 root root     21 Mar  9 2020 lib
drwxr-xr-x. 4 root root     32 Mar  9 2020 usr
[root@localhost vmtools]# ./install
Start Installation :
  Install kernel modules.
  Install UVP VMTools agent service.
  Change system configurations.
Update kernel initrd image.
The UVP VMTools is installed successfully.
Reboot the system for the installation to take effect.
```

第 11 步，安装完成后重启虚拟机，查看 Tools 状态，状态为运行中（当前版本为 3.0.0.008），如图 4-1-23 所示，说明 Tools 安装成功。

图 4-1-23

至此，为 Linux 虚拟机安装 Tools 完成。需要注意的是，安装使用命令行模式，不熟悉 Linux 命令的读者可以参考本节中使用的命令安装。

4.2　创建 Windows 虚拟机

FusionCompute 平台底层对于 Windows 操作系统的支持也非常好，主流 Windows 操作系统几乎都可以在平台上良好地运行。本节介绍创建 Windows Server 2012 R2 虚拟机。

4.2.1　创建 Windows 虚拟机

Windows 虚拟机的创建与 Linux 虚拟机的基本相同，区别在于，Windows 虚拟机需要加载 VirtIO 驱动，否则无法识别虚拟硬盘。

第 1 步，设置虚拟机基本配置信息，要特别注意操作系统类型以及操作系统版本号的选择，如图 4-2-1 所示，单击"下一步"按钮。

图 4-2-1

第 2 步，选择虚拟机使用的数据存储类型，如图 4-2-2 所示，单击"下一步"按钮。

第 3 步，配置虚拟机硬件参数，如图 4-2-3 所示，单击"下一步"按钮。

第 4 步，确认创建虚拟机的信息是否正确，勾选"创建完成后直接启动虚拟机"，如图 4-2-4 所示，单击"确定"按钮。

第 5 步，参考创建 Linux 虚拟机挂载光驱的方法来挂载 Windows Server 2012 R2 安装文件，具体如图 4-2-5 所示，单击"下一步"按钮。

图 4-2-2

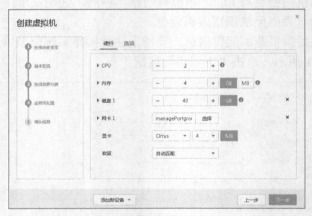

图 4-2-3

图 4-2-4

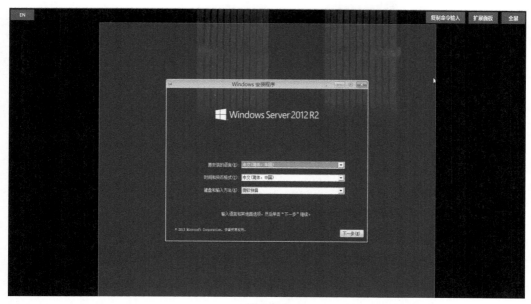

图 4-2-5

第 6 步，选择需要安装的操作系统，如图 4-2-6 所示，单击"下一步"按钮。

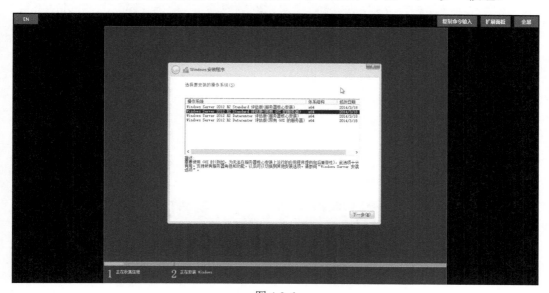

图 4-2-6

第 7 步，选择自定义安装，如图 4-2-7 所示。

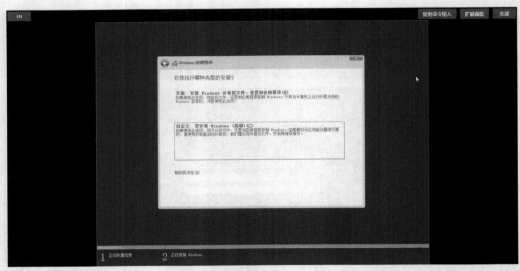

图 4-2-7

第 8 步，安装程序没有识别到硬盘，如图 4-2-8 所示，这是因为未加载 VirtIO 驱动，单击"加载驱动程序"。

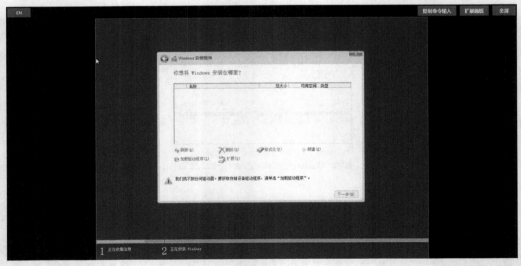

图 4-2-8

第 9 步，在 FusionCompute 中安装 Windows 操作系统时会自动挂载软盘驱动器，其中包括一些常用的驱动程序，选择软盘驱动器中的 amd64，如图 4-2-9 所示，单击"确定"按钮。

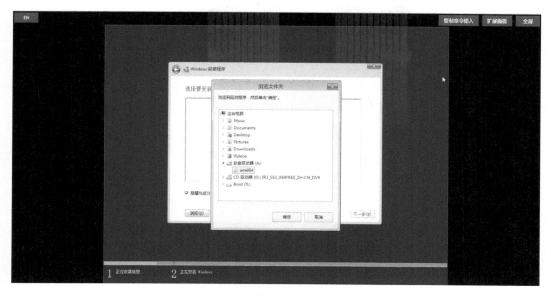

图 4-2-9

第 10 步，选择要安装的驱动程序，如图 4-2-10 所示，单击"下一步"按钮。

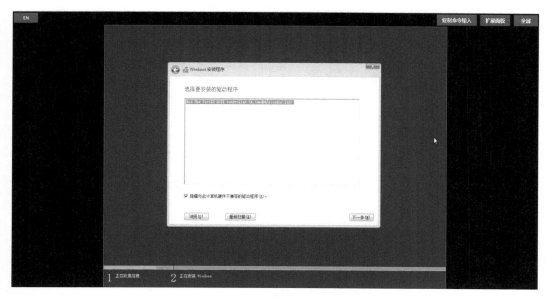

图 4-2-10

第 11 步，安装程序识别到所分配的硬盘，如图 4-2-11 所示，单击"下一步"按钮。

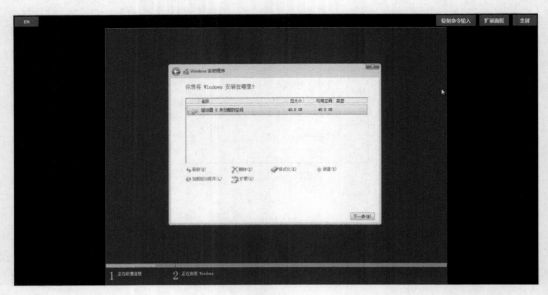

图 4-2-11

第 12 步，开始安装 Windows Server 2012 R2 操作系统，如图 4-2-12 所示。

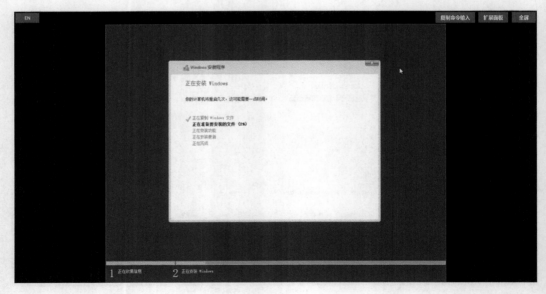

图 4-2-12

第 13 步，Windows Server 2012 R2 操作系统安装完成，如图 4-2-13 所示。

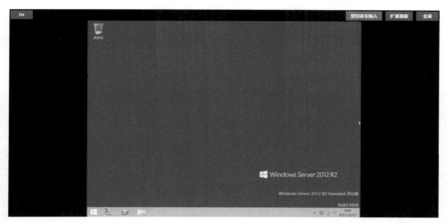

图 4-2-13

至此，Windows 虚拟机操作系统安装完成，已经可以正常使用。整体来说，安装过程与物理服务器的基本相同。需要注意的是，Windows 操作系统在安装过程中无法自动识别硬盘，需要通过手动加载驱动才能继续安装。

4.2.2 为 Windows 虚拟机安装 Tools

与 Linux 虚拟机一样，Window 虚拟机完成操作系统完成后，也需要安装 Tools，以便虚拟硬件更加适应操作系统，同时还可为后续使用的高级特性提供服务。本小节介绍为 Windows 虚拟机安装 Tools。

第 1 步，查看虚拟机 Tools 运行状态。因为没有安装 Tools，所以状态是未运行，如图 4-2-14 所示，选择"Tools"中的"挂载 Tools"。

图 4-2-14

第 2 步，与 Linux 虚拟机通过命令行安装不同，Windows 虚拟机 Tools 是标准的 Windows 应用程序，直接运行安装即可。如图 4-2-15 所示，单击"Install"按钮即可开始安装。

图 4-2-15

第 3 步，自动安装 Tools，如图 4-2-16 所示。

图 4-2-16

第 4 步，Tools 安装完成，如图 4-2-17 所示。

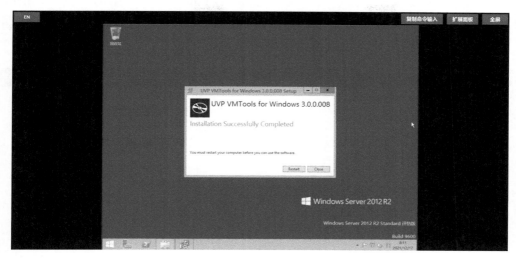

图 4-2-17

第 5 步，重启虚拟机后查看"Tools"为"运行中（当前版本为 3.0.0.008）"，如图 4-2-18 所示。

图 4-2-18

第 6 步，查看虚拟机配置信息，自动挂载的软驱依旧处于已连接状态，如图 4-2-19 所示，单击"断开连接"按钮，断开虚拟机与软驱之间的连接，避免后续在迁移过程中出现问题。

　　至此，为 Windows 虚拟机安装 Tools 完成。与 Linux 虚拟机 Tools 不同，Windows 虚拟机 Tools 是标准的 Windows 应用程序，直接运行安装即可。需要注意的是，在安装过程中不能有报错提示。

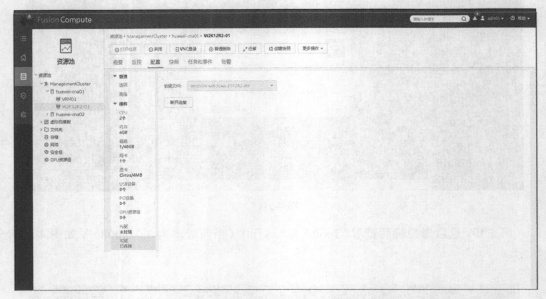

图 4-2-19

4.3　虚拟机常见操作

　　生产环境的日常运维会根据实际情况对虚拟机进行操作。常见操作有创建虚拟机模板、使用模板创建虚拟机、使用虚拟机快照、调整虚拟机硬件等。本节介绍虚拟机常见操作。

4.3.1　创建虚拟机模板

　　在生产环境中部署虚拟机，除了前面介绍的直接安装外，还可以创建虚拟机模板，通过模板部署虚拟机，这样可以节约大量的时间。创建虚拟机模板有多种方式。本小节介绍通过克隆以及导出方式创建虚拟机模板。

　　第 1 步，选择需要创建模板的虚拟机，单击右键，选择"模板"中的"克隆为模板"，如图 4-3-1 所示。

图 4-3-1

第 2 步，进入创建模板向导，设置模板相关信息，如图 4-3-2 所示，单击"下一步"按钮。

图 4-3-2

第 3 步，设置模板硬件参数，如图 4-3-3 所示，单击"下一步"按钮。

图 4-3-3

第 4 步，确认模板信息是否正确，如图 4-3-4 所示，单击"确定"按钮。

图 4-3-4

第 5 步，虚拟机模板创建完成，如图 4-3-5 所示。

图 4-3-5

还可以通过导出方式创建模板。选择需要导出模板的虚拟机，单击右键，选择模板中的"导出为模板"，如图 4-3-6 所示。

图 4-3-6

可选择的导出方式有导出到本地以及导出到共享目录两种方式，如图 4-3-7 所示。

图 4-3-7

导出到共享目录支持 CIFS 以及 NFS 两种协议，如图 4-3-8 所示。

图 4-3-8

第 6 步，本小节选择导出到本地，需要配置的相关参数信息如图 4-3-9 所示，单击"确定"按钮。

图 4-3-9

第 7 步，导出模板成功，如图 4-3-10 所示。

图 4-3-10

第 8 步，查看导出目录，可以看到导出的虚拟机模板文件，如图 4-3-11 所示。

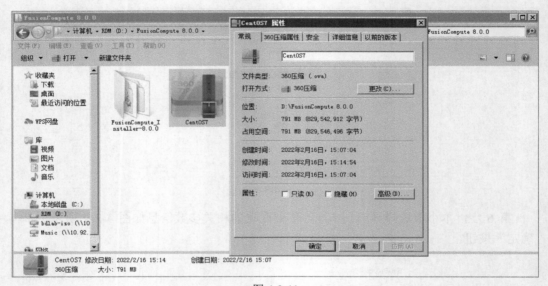

图 4-3-11

至此，创建虚拟机模板完成。创建模板的方式有多种，可以根据实际情况选择。需要注意的是，如果选择"转为模板"，源虚拟机将直接转换为模板虚拟机而无法使用。

4.3.2　使用模板创建虚拟机

创建好虚拟机模板后，就可以通过模板创建虚拟机，其创建方式和直接创建虚拟机有一定区别。本小节介绍如何使用模板创建虚拟机。

第 1 步，在创建虚拟机对话框中选择"使用模板部署虚拟机"，如图 4-3-12 所示，单击"下一步"按钮。

图 4-3-12

第 2 步，进入创建虚拟机向导，输入虚拟机名称，这时需要选择模板，如图 4-3-13 所示，单击选择模板右侧的"选择"。

图 4-3-13

第 3 步，选择模板。通常生产环境中有多种模板，需要注意选择。如图 4-3-14 所示，选择好模板后单击"确定"按钮。

图 4-3-14

第 4 步，进行虚拟机基本配置，如图 4-3-15 所示，单击"下一步"按钮。

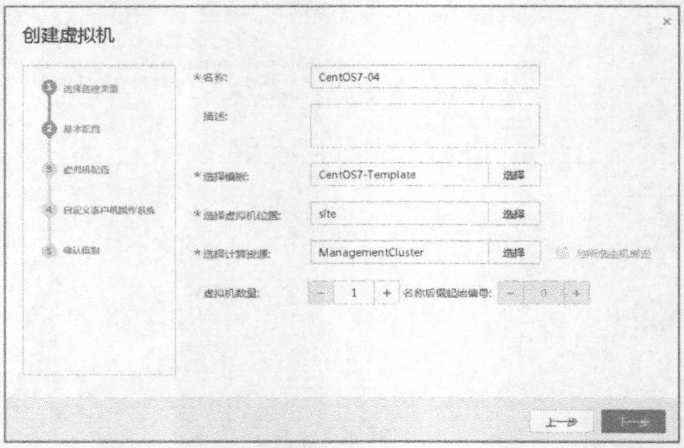

图 4-3-15

第 5 步，配置虚拟机硬件参数，如图 4-3-16 所示，单击"下一步"按钮。

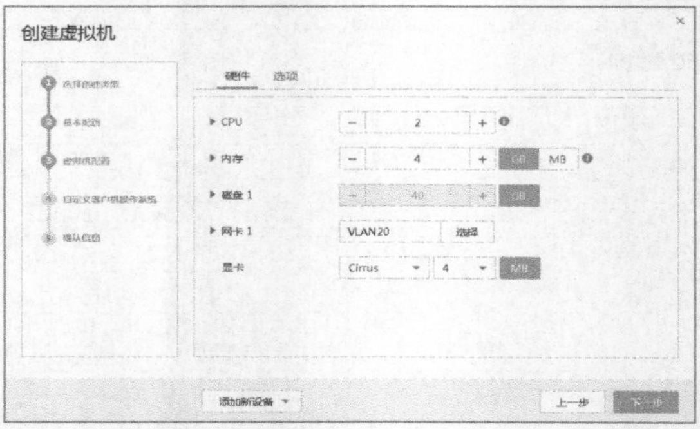

图 4-3-16

第 6 步，自定义客户机操作系统，建议勾选"生成系统初始密码"复选框，新创建的虚拟机会随机生成密码，如图 4-3-17 所示，单击"下一步"按钮。

图 4-3-17

第 7 步，确认虚拟机相关信息是否正确，如图 4-3-18 所示，单击"确定"按钮。

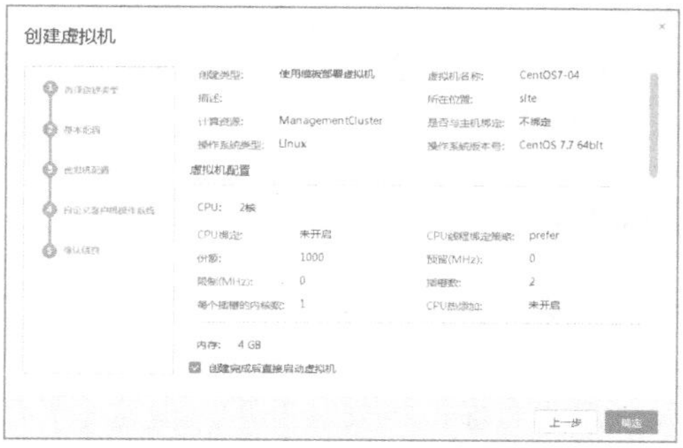

图 4-3-18

第 8 步，通过模板创建虚拟机成功。在虚拟机的基本信息处可以看到生成的系统初始密码，如图 4-3-19 所示。

图 4-3-19

第 9 步，使用系统初始密码登录虚拟机，网络连通性正常，如图 4-3-20 所示。

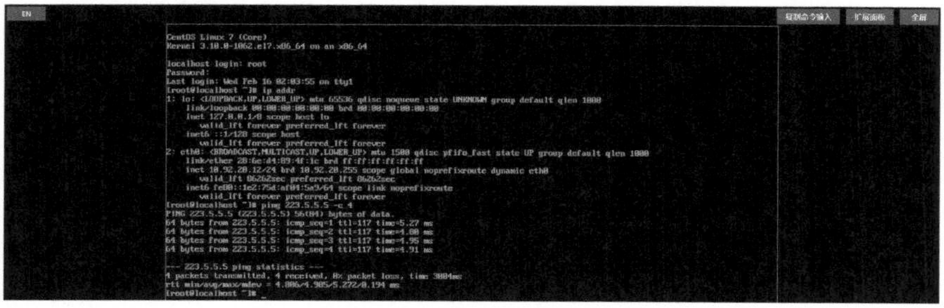

图 4-3-20

至此，通过模板创建虚拟机完成。通过模板创建虚拟机减少了直接创建虚拟机需要的一些步骤以及时间。建议在生产环境中，将常用的虚拟机安装好操作系统以及应用程序，打上相应的补丁后制作成模板，再通过模板部署虚拟机。这样可以节省部署时间，也可以减少版本差异造成的兼容性问题。

4.3.3　使用虚拟机快照

虚拟机快照是一个非常重要的功能，在生产环境中经常使用到。快照的使用场景是，在下一步操作具有不确定性时，对虚拟机制作快照，如果下一步操作出现问题，就利用快照进行回退。比如，现在需要对虚拟机安装补丁，但这个补丁具有不确定性，可以对虚拟机创建一个快照。如果安装补丁后，虚拟机出现问题，通过快照可以快速回退到安装补丁前的状态。本小节介绍如何使用虚拟机快照。

第 1 步，登录需要制作快照的虚拟机，可以看到该虚拟机部署了 httpd 服务且服务正常运行，如图 4-3-21 所示。

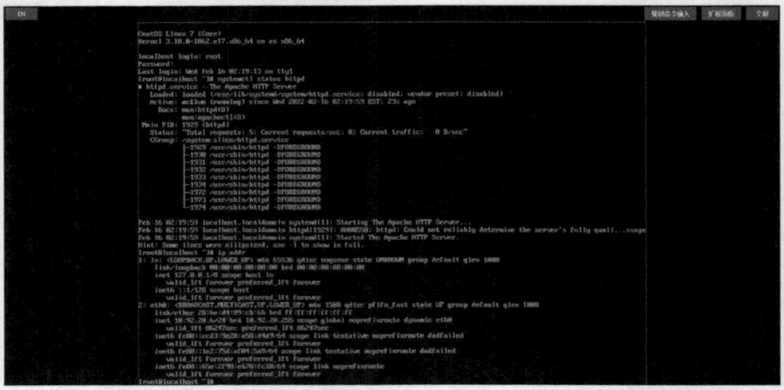

图 4-3-21

第 2 步，通过浏览器访问 httpd 服务，服务正常，如图 4-3-22 所示。

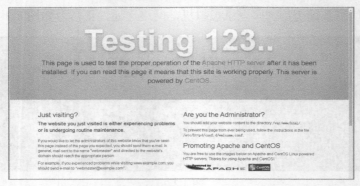

图 4-3-22

第 3 步，在虚拟机的"快照"选项卡中，单击"创建快照"按钮，创建虚拟机快照，如图 4-3-23 所示。

图 4-3-23

第 4 步，输入快照名以及描述。内存快照是指将虚拟机当前的内存状态和数据保存到快照中，如果虚拟机处于开机状态，快照将保存为开机状态。一致性快照是指将虚拟机未保存的缓存数据先保存再创建快照。可以根据实际情况进行选择，如图 4-3-24 所示，单击"确定"按钮。

第 5 步，创建虚拟机快照会出现系统提示，提示创建快照可能出现的问题，如图 4-3-25 所示，单击"确定"按钮。

图 4-3-24

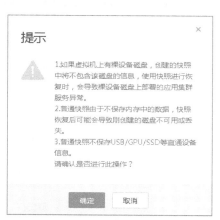

图 4-3-25

第 6 步，虚拟机快照创建完成，如图 4-3-26 所示。

图 4-3-26

第 7 步，模拟虚拟机问题。手动删除虚拟机的 httpd 服务，如图 4-3-27 所示。

图 4-3-27

第 8 步，通过浏览器访问该服务，提示无法访问此网站，说明虚拟机服务出现问题了，如图 4-3-28 所示。

图 4-3-28

第 9 步，使用快照恢复虚拟机，提示会触发虚拟机关闭，如图 4-3-29 所示，单击"确定"按钮。

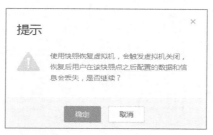

图 4-3-29

第 10 步，虚拟机正在进行恢复快照操作，在"近期任务"中可以看到，虚拟机会被强制关闭，如图 4-3-30 所示。

图 4-3-30

第 11 步，恢复快照完成后，查看虚拟机 httpd 服务恢复正常运行，如图 4-3-31 所示。

第 12 步，使用浏览器可以正常访问该服务，如图 4-3-32 所示，说明虚拟机恢复快照成功。

至此，创建并使用虚拟机快照操作完成。在生产环境中，下一步操作如果具有不确定性，推荐创建虚拟机快照，以便出现问题时可以快速恢复。需要注意快照的使用场景，不建议将快照作为备份工具使用，因为过多的快照会影响虚拟机的运行速度，甚至可能导致虚拟机崩溃。

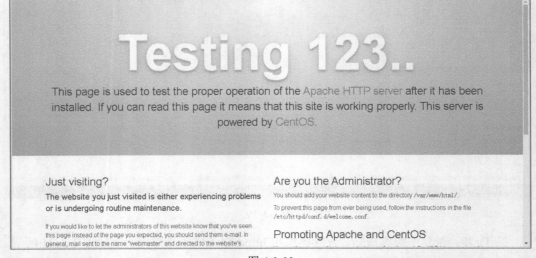

图 4-3-31

图 4-3-32

4.3.4   调整虚拟机硬件

在生产环境中会根据虚拟机的运行情况调整虚拟机的硬件。华为虚拟机支持关机状态下调整硬件，也支持开机状态下调整硬件。本小节介绍常见的虚拟机硬件调整操作。

（1）调整虚拟机磁盘容量

第 1 步，查看虚拟机磁盘容量，配置的容量为 50GB，如图 4-3-33 所示。

图 4-3-33

第 2 步，进入虚拟机操作系统查看磁盘管理，如图 4-3-34 所示。

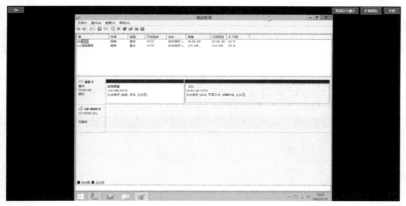

图 4-3-34

第 3 步，将原磁盘容量调整为 60GB，如图 4-3-35 所示，单击"保存"按钮。

图 4-3-35

第 4 步，在虚拟机操作系统查看磁盘管理，可以看到新增的 10GB 容量，如图 4-3-36 所示。

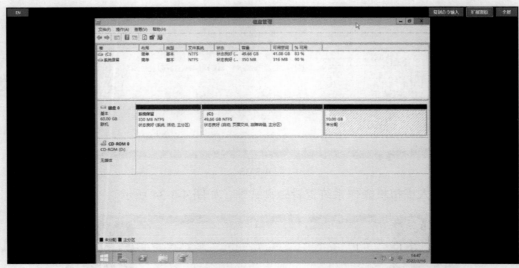

图 4-3-36

第 5 步，在新增加的容量处单击右键，选择"扩展卷"，如图 4-3-37 所示。

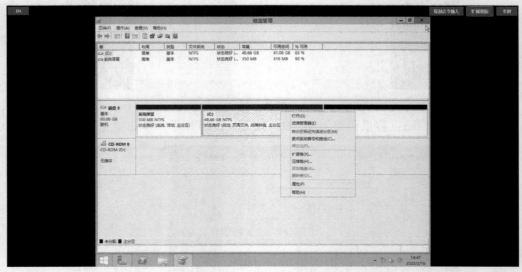

图 4-3-37

第 6 步，对新增的 10GB 容量进行扩展，如图 4-3-38 所示，单击"下一步"按钮。

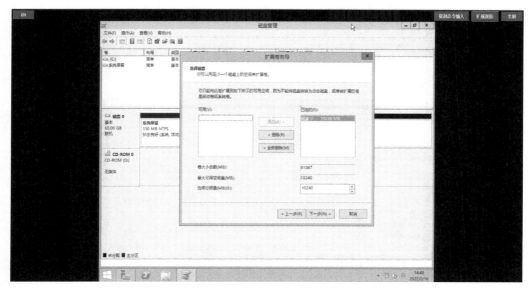

图 4-3-38

第 7 步，扩展完成，如图 4-3-39 所示，单击"完成"按钮。

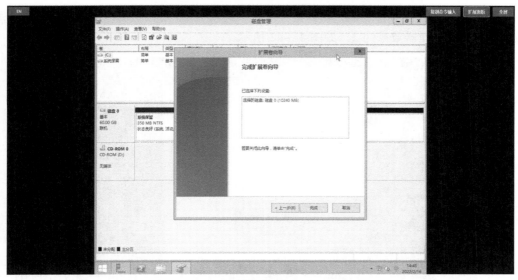

图 4-3-39

第 8 步，在虚拟机"磁盘管理"窗口中，可看到容量变为 60GB，如图 4-3-40 所示。

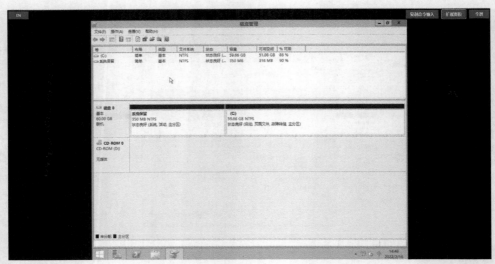

图 4-3-40

（2）调整虚拟机 CPU

虚拟机 CPU 以及内存调整既可以在关机状态下进行，又可以在开机状态下进行。若在开机状态下调整，需要提前配置，否则调整参数为灰色状态。

第 1 步，在"任务管理器"窗口的"性能"选项卡中，选中"CPU"，可以看到插槽数为 2，虚拟处理器数量为 2，如图 4-3-41 所示。

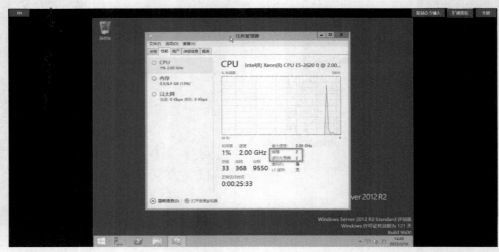

图 4-3-41

第 2 步，关闭虚拟机，查看虚拟机硬件配置，如图 4-3-42 所示。

图 4-3-42

第 3 步，调整"虚拟机内核数"为 4、"每个插槽的内核数"为 2，如图 4-3-43 所示。

图 4-3-43

第 4 步，打开虚拟机电源，重新查看虚拟机的 CPU 数量，此时插槽数为 2，虚拟处理器数量为 4，如图 4-3-44 所示，说明调整成功。

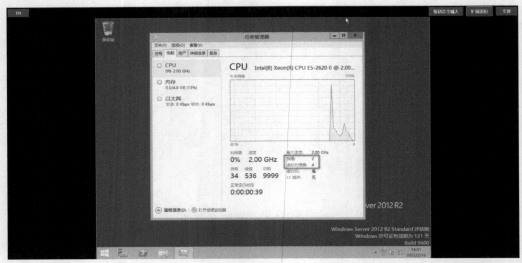

图 4-3-44

至此，虚拟机常见操作介绍完成。在生产环境中，虚拟机的日常操作还有更多，读者可以根据实际情况进行操作。需要注意的是，虽然虚拟机支持开机状态调整硬件，但在生产环境中不推荐，因为开机状态调整硬件出现过操作系统挂死、服务宕机等情况，推荐在系统访问低谷时，关闭虚拟机后再调整其硬件。

4.4　本章小结

本章介绍了 Linux 虚拟机、Windows 虚拟机的创建过程，以及如何通过模板创建虚拟机，最后介绍了虚拟机常见操作。在生产环境中，创建虚拟机是基础操作，因为大量的应用都运行在虚拟机上。虚拟机的日常运维操作也需要大家熟练掌握。

第 5 章
部署和使用虚拟网络

网络在 FusionCompute 平台中相当重要，无论是管理 CNA 计算节点主机还是虚拟机对外提供服务都依赖于网络。FusionCompute 提供了强大的网络功能，其基本的网络配置就是标准虚拟网络以及分布式虚拟网络。本章将介绍部署和使用标准虚拟网络以及分布式虚拟网络等。

本章要点
- 虚拟网络简介
- 部署标准虚拟网络
- 部署和使用分布式交换机

5.1 虚拟网络简介

网络是 CNA 计算节点主机管理以及虚拟机外部通信的关键，如果配置不当可能会出现问题，并严重影响网络的性能，情况严重的将导致服务全部停止。

5.1.1 标准虚拟网络简介

CNA 计算节点主机基于 Linux 系统。Linux 系统通过网桥将所有网口连接到一起，由 Linux 系统完成工作。Linux 网桥属于二层虚拟网络设备，也可将其称为标准虚拟网络，其功能类似于物理二层交换机。网桥将设备虚拟化成端口，这些设备被绑定到网桥上，相当于用网线将交换机与这些设备相连。

图 5-1-1 展示了 Linux 网桥连接结构。网桥 br0 绑定了物理网卡 eth0、虚拟网卡 tap0 和 tap1。对于 CNA 计算节点主机来说，只关注网桥 br0，虚拟机 VM0 和 VM1 发送数据包时，由网桥 br0 根据 MAC 地址与端口的映射关系转发数据。

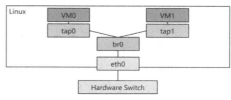

图 5-1-1

Linux 网桥有两个重要功能。

（1）MAC 地址学习

在初始化状态下，网桥没有任何 MAC 地址与端口的映射关系，但每发送一个数据包，它都会通过学习建立 MAC 地址和端口的映射关系并写入映射表。

（2）报文转发

每发送一个数据包，网桥都会提取其目的 MAC 地址，并从映射表中查找由什么端口把数据包发送出去。

如果仅使用网桥，虚拟机与外部通信有两种模式：桥接和 NAT（Network Address Translation，网络地址转换）。桥接模式下，网桥相当于一台交换机，虚拟网卡连接交换机的一个端口。NAT 模式下，网桥相当于一台路由器，虚拟网卡连接路由器的一个端口。

桥接和 NAT 由于功能限制，一般适用于小规模生产环境。在大中规模生产环境中，通常使用虚拟交换机来实现虚拟机的通信。目前，几乎各个虚拟化厂商都有自己的虚拟交换机产品，常见的有 VMware 的 vSwitch、思科的 Nexus 系列、华为的 DVS（Distributed Virtual Switch，分布式交换机）等。

5.1.2　分布式交换机简介

华为分布式交换机（DVS）提供集中的虚拟交换和管理功能，通过分布在多台物理服务器上的虚拟交换机，提供虚拟机二层通信、隔离以及 QoS 等功能。图 5-1-2 展示了华为 DVS 架构。

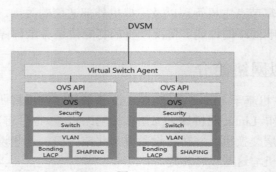

图 5-1-2

通过 DVSM（Distributed Virtual Switch Manager，分布式虚拟交换机管理器）对接 VSA（Virtual Switch Agent，虚拟交换机代理），利用统一的接口对虚拟交换机进行管理。华为 DVS 集成了 OVS（Open Virtual Switch，开源虚拟交换机），充分利用了开源社区虚拟交换的能力。由于 OVS 提供的功能与智能网卡虚拟交换提供的完全一致，所以虚拟交换管理可以通过不同的插件来管理 OVS 和智能网卡。

华为 DVS 的基本特性如下。

（1）虚拟化的管理员可以配置多台分布式交换机，每台分布式交换机可以覆盖集群中的 CNA 计算节点。

（2）每台分布式交换机具有多个分布式虚拟端口，每个虚拟端口具有各自的属性。

（3）虚拟化的管理员可以选择使用不同的物理接口。每台分布式交换机可以配置一个或多个上行链路用于对外通信，也可以配置端口聚合。

（4）每台虚拟机可以配置多个虚拟网卡，虚拟网卡可以与虚拟端口一一对应。

（5）虚拟化的管理员可以根据需求在一个集群中创建虚拟二层网络，同时设置该二层网络使用的 VLAN 信息。

需要注意的是，虚拟交换机本质是一台二层设备，所以它无法提供三层交换功能，例如不同 VLAN 间的通信，需要使用三层交换机或路由器。在 FusionCompute 平台中，系统本身不能提供三层交换功能，不同 VLAN 间的虚拟机通信，需要从 CNA 计算节点主机传到物理交换机，转发到外部的三层设备处理后，再回到 CNA 计算节点主机，虚拟机间才能完成通信。

5.2 部署标准虚拟网络

FusionCompute 平台对于虚拟网络的支持非常好。标准虚拟网络的配置相对简单，可以根据实际情况进行配置。本节介绍标准虚拟网络的配置。

5.2.1 创建逻辑接口

标准虚拟网络可以创建用于存储或业务的多种接口，根据实际情况进行创建即可。本小节介绍如何创建逻辑接口。

第 1 步，查看 CNA 计算节点主机逻辑接口信息，选择"添加存储接口"用于连接存储使用，如图 5-2-1 所示。

图 5-2-1

　　第 2 步，选择存储接口使用的物理网卡，如图 5-2-2 所示，单击"下一步"按钮。

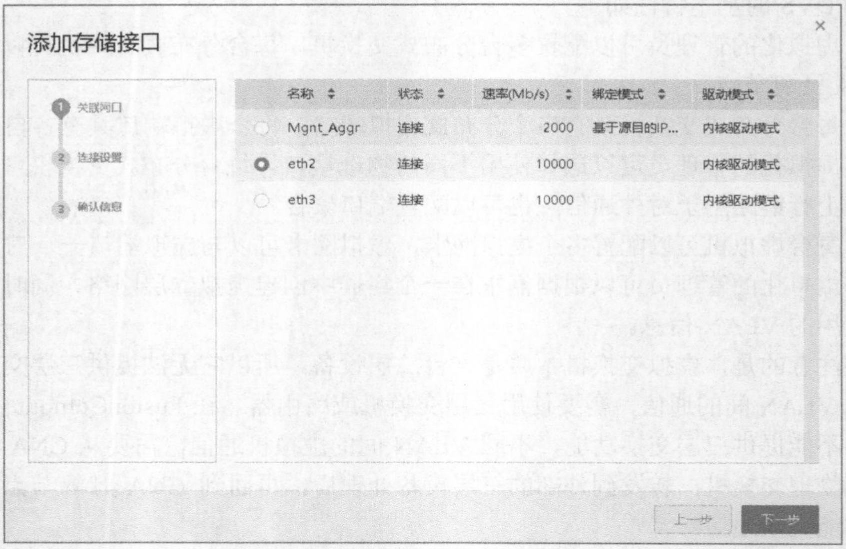

图 5-2-2

　　第 3 步，设置存储接口名称、VLAN ID、IP 地址等信息，如图 5-2-3 所示，单击"下一步"按钮。

图 5-2-3

交换模式有如下几种类型。

① OVS 转发模式。

OVS 转发模式下，存储接口使用的 VLAN 可以与管理平面、业务平面的一样。

② Linux 子接口模式。

Linux 子接口模式下，可以减少存储平面与管理平面、业务平面在主机内部的相互影响。存储接口所关联网口的 VLAN 被该存储接口独自占有且其 VLAN ID 不能为 0，该网口上的管理平面、业务平面或其他存储接口无法使用该 VLAN。需要注意的是，如果生产环境中使用 FusionStorage Block 存储时，必须使用 Linux 子接口交换模式。

第 4 步，系统出现报错提示，"系统接口 IP 与同一主机内其他系统接口 IP 不能在同一网段"，如图 5-2-4 所示。华为推荐存储网络与管理网络使用不同的网段，重新配置存储接口 IP 地址即可。

图 5-2-4

第 5 步，重新设置存储接口名称、VLAN ID、IP 地址等信息，如图 5-2-5 所示，单击"下一步"按钮。

第 6 步，确认存储接口信息是否正确，如图 5-2-6 所示，单击"确定"按钮。

第 7 步，存储接口配置完成，如图 5-2-7 所示。

第 8 步，按照相同的方式添加业务管理接口。选择物理网卡，如图 5-2-8 所示，单击"下一步"按钮。

图 5-2-5

图 5-2-6

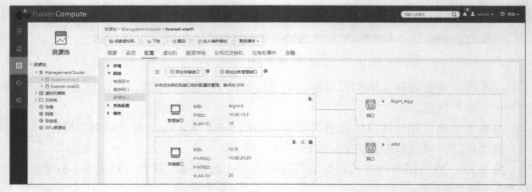

图 5-2-7

图 5-2-8

第 9 步，输入业务管理接口名称、VLAN ID、IP 地址等信息。需要注意的是，业务
管理接口可以选择相应的服务，比如虚拟机热迁移流量等。如图 5-2-9 所示，勾选"虚
拟机热迁移流量"后，该接口可以承载相应的流量（生产环境中可以根据实际情况进行
勾选），单击"下一步"按钮。

图 5-2-9

第 10 步，确认业务管理接口配置信息是否正确，如图 5-2-10 所示，单击"确定"
按钮。

图 5-2-10

第 11 步，业务管理接口配置完成，如图 5-2-11 所示。

图 5-2-11

　　至此，基本的存储逻辑接口和业务管理逻辑接口创建完成。生产环境中建议配置多个网卡，创建不同的逻辑接口，对不同的网络流量进行分离，避免由于网络拥堵造成的访问延时，从而提高网络性能。

5.2.2　配置聚合网口

　　部署 CNA 计算节点主机时，创建了默认的 **Mgnt_Aggr** 聚合网口，但只绑定了 1 个物理网卡。生产环境中，为避免故障以及提供冗余功能，聚合端口建议使用 2 个及以上物理网卡。本小节操作配置聚合网络。

第 1 步，查看 Mgnt_Aggr 聚合网口，可以看到仅使用了 1 个物理网卡，如图 5-2-12 所示，单击"添加网口"。其中，网口对应的传输速率的单位为 Mbit/s，与华为相关产品表述中的 Mb/s 相对应。

图 5-2-12

第 2 步，勾选需要添加到 Mgnt_Aggr 聚合网口的物理网卡，如图 5-2-13 所示，单击"确定"按钮。

图 5-2-13

第 3 步，查看 Mgnt_Aggr 聚合网口，可以看到已绑定 2 个物理网卡，绑定模式为"主备"，如图 5-2-14 所示，单击"编辑"，修改绑定模式。

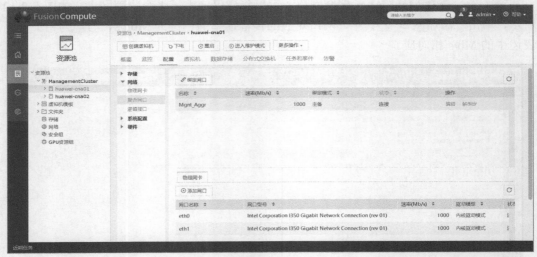

图 5-2-14

第 4 步，聚合网口有多种绑定模式可以选择，如图 5-2-15 所示。生产环境中不推荐选择主备模式，因为主备模式仅有 1 个网卡在工作，另 1 个网卡处于备用状态，只有当工作的网卡出现故障时，备用网卡才接替其继续工作，所以推荐选择"基于源目的IP 的 LACP"进行负载均衡。

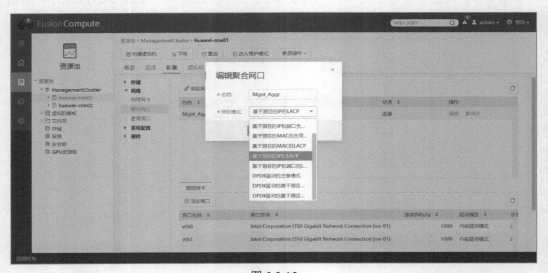

图 5-2-15

第 5 步，修改绑定模式会造成网络中断，如图 5-2-16 所示，单击"确定"按钮。

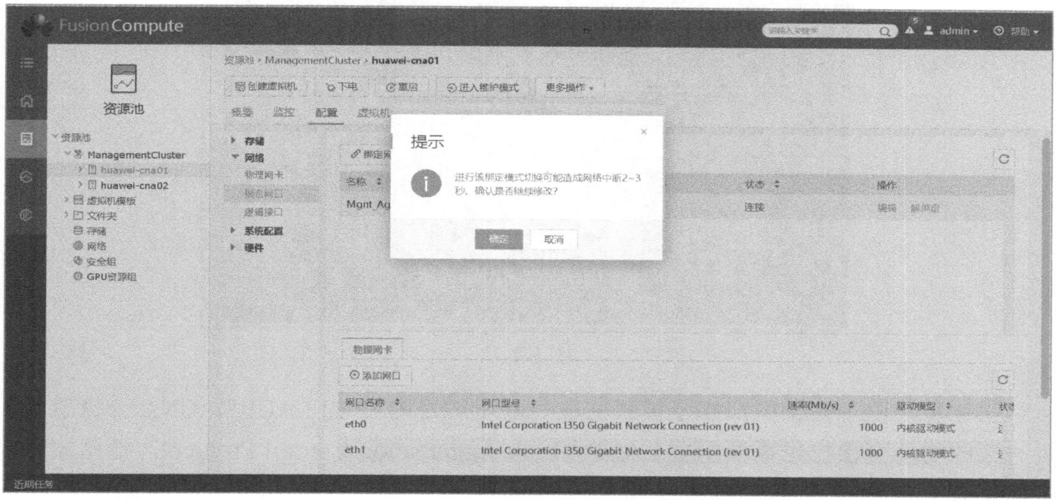

图 5-2-16

第 6 步，绑定模式变为"基于源目的 IP 的 LACP"，如图 5-2-17 所示。

图 5-2-17

第 7 步，通过"ping"命令检测 CNA 计算节点主机的网络连通性，可以看到主机网络出现过中断，如图 5-2-18 所示。

图 5-2-18

第 8 步，由于聚合网口绑定模式变成"基于源目的 IP 的 LACP"，CNA 计算节点主机对应的物理交换机也需要配置 LACP（Link Aggregation Control Protocol，链路聚合控制协议），否则不生效。

```
BDLAB-Core_4948# configure terminal #进入配置模式
Enter configuration commands, one per line. End with CNTL/Z.
BDLAB-Core_4948(config)#interface range gigabitEthernet 1/9-10 #配置 CNA
计算节点主机对应的聚合端口
BDLAB-Core_4948(config-if-range)#channel-group 20 mode ? #物理交换机支持
多种聚合模式，需要对应 CNA 计算节点主机聚合模式
  Active     Enable LACP unconditionally
  Auto       Enable PAgP only if a PAgP device is detected
  desirable  Enable PAgP unconditionally
  on         Enable Etherchannel only
  passive    Enable LACP only if a LACP device is detected
BDLAB-Core_4948(config-if-range)#channel-group 20 mode active  #启用 LACP
Creating a port-channel interface Port-channel 20
BDLAB-Core_4948(config-if-range)#no shutdown
BDLAB-Core_4948(config-if-range)#end
BDLAB-Core_4948#show etherchannel summary #查看端口聚合的状态，SU 状态代表
                                        配置成功
Flags:  D - down      P - bundled in port-channel
        I - stand-alone s - suspended
        R - Layer3     S - Layer2
        U - in use     f - failed to allocate aggregator
Number of channel-groups in use: 2
Number of aggregators:           2
Group  Port-channel  Protocol    Ports
```

```
+-------------------------------------------------
10     Po10(SU)        LACP      Gi1/47(P)     Gi1/48(P)
20     Po20(SU)        LACP      Gi1/9(P)      Gi1/10(P)
BDLAB-Core_4948# show interfaces port-channel 20 #查看聚合端口状态，均为 up
Port-channel20 is up, line protocol is up (connected)
  Hardware is EtherChannel, address is 0025.451c.3f89 (bia 0025.451c.3f89)
  MTU 1500 bytes, BW 2000000 Kbit, DLY 10 usec,
     reliability 255/255, txload 1/255, rxload 1/255
  Encapsulation ARPA, loopback not set
  Keepalive set (10 sec)
  Full-duplex, 1000Mbit/s, media type is N/A
  input flow-control is on, output flow-control is unsupported
  Members in this channel: Gi1/9 Gi1/10
  ARP type: ARPA, ARP Timeout 04:00:00
  Last input never, output never, output hang never
  Last clearing of "show interface" counters never
  Input queue: 0/2000/0/0 (size/max/drops/flushes); Total output drops: 0
  Queueing strategy: fifo
  Output queue: 0/40 (size/max)
  5 minute input rate 0 bits/sec, 0 packets/sec
  5 minute output rate 0 bits/sec, 0 packets/sec
     12 packets input, 1460 bytes, 0 no buffer
     Received 2 broadcasts (2 multicasts)
     0 runts, 0 giants, 0 throttles
     0 input errors, 0 CRC, 0 frame, 0 overrun, 0 ignored
     0 input packets with dribble condition detected
     12 packets output, 1791 bytes, 0 underruns
     0 output errors, 0 collisions, 0 interface resets
     0 babbles, 0 late collision, 0 deferred
     0 lost carrier, 0 no carrier
     0 output buffer failures, 0 output buffers swapped out
```

至此，基本的聚合网口配置完成。需要注意的是，聚合网口有多种绑定模式，不同的绑定模式提供不同的功能，生产环境可以根据实际情况进行选择，选择后需要对物理交换机接口进行配置，否则聚合网口配置可能不生效或出现网络问题。

5.3　部署和使用分布式交换机

小规模环境可以直接使用标准虚拟网络，但对于大中型环境，建议部署和使用分布式虚拟网络，以提供更丰富的功能特性。本节介绍分布式虚拟网络配置。

5.3.1　创建分布式交换机

默认情况下，系统会创建名为 ManagementDVS 的分布式交换机。生产环境中可以结合实际需求创建其他的分布式交换机。本小节介绍创建分布式交换机。

第 1 步，查看系统默认创建的分布式交换机，如图 5-3-1 所示，可以看到两台 CNA 计算节点主机关联到默认创建的 ManagementDVS 上。

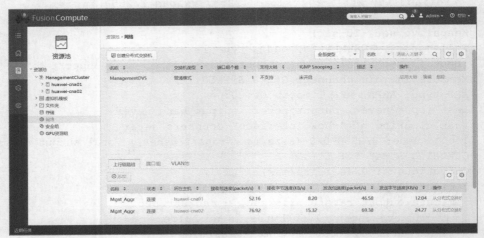

图 5-3-1

第 2 步，查看 ManagementDVS 端口组，如图 5-3-2 所示，可以看到目前仅有一个名为 managePortgroup 的端口组。

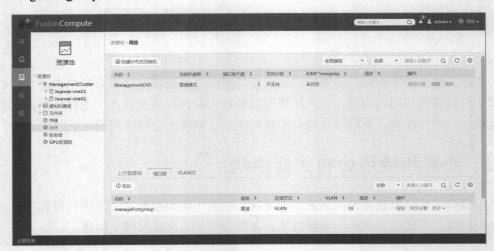

图 5-3-2

第3步，查看 ManagementDVS 的 VLAN 池，如图 5-3-3 所示，可以看到目前的 VLAN 池信息，单击"创建分布式交换机"，创建新的分布式交换机。

图 5-3-3

第4步，根据实际情况设置新的分布式交换机的名称、交换机类型等信息，如图 5-3-4 所示，单击"下一步"按钮。

图 5-3-4

交换机类型有如下 3 种模式。

① 普通模式

普通模式下，上行链路关联的主机物理网卡为普通网卡。

② SRIOV 直通模式

SRIOV 直通模式下，上行链路关联的主机物理网卡为 SRIOV 直通网卡。

③ 用户态交换模式

用户态交换模式下，上行链路关联的主机物理网卡为驱动模式，支持用户态驱动模式的网卡。

第 5 步，为分布式交换机添加上行链路，如图 5-3-5 所示，单击"下一步"按钮。

图 5-3-5

第 6 步，为分布式交换机添加 VLAN 池，根据实际情况添加即可，如图 5-3-6 所示，单击"确定"按钮。

图 5-3-6

第 7 步，确认添加的 VLAN 池信息是否正确，如图 5-3-7 所示，单击"下一步"按钮。

图 5-3-7

第 8 步，确认新创建的分布式交换机信息是否正确，如图 5-3-8 所示，单击"确定"按钮。

图 5-3-8

第 9 步， BDLAB-DVS 分布式交换机创建完成，如图 5-3-9 所示。

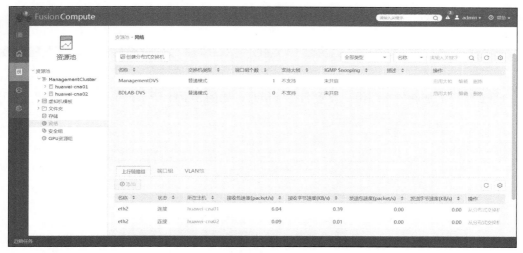

图 5-3-9

至此，创建分布式交换机完成。需要注意的是，交换机类型的选择，其本质是上行链路关联的主机物理网卡的选择。生产环境中结合 CNA 计算节点主机所配置的物理网卡选择即可。

5.3.2 配置和使用分布式交换机

完成分布式虚拟网络创建后，还需要进行一些其他基础配置才能使用。本小节介绍如何配置和使用分布式虚拟网络。

第 1 步，查看 BDLAB-DVS 的端口组，如图 5-3-10 所示，端口组为空，单击"添加"。

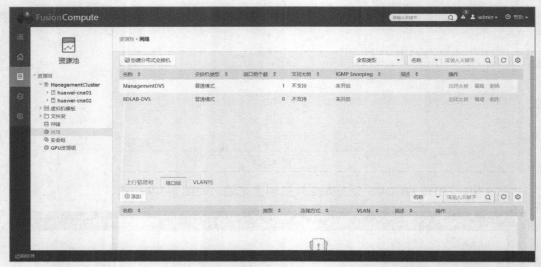

图 5-3-10

第 2 步，添加新的端口组，设置名称等信息，如图 5-3-11 所示，单击"下一步"按钮。

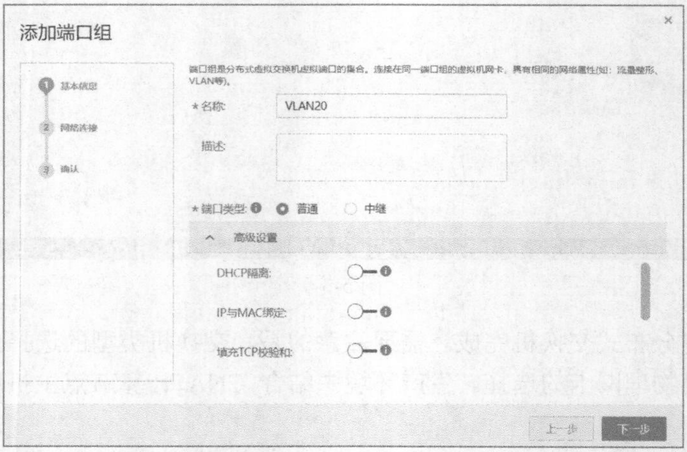

图 5-3-11

第 3 步，配置网络连接方式。使用 VLAN 连接方式，输入 VLAN 相关信息，如图 5-3-12 所示，单击"下一步"按钮。

第 4 步，确认端口组相关信息是否正确，如图 5-3-13 所示，单击"确定"按钮。

图 5-3-12

图 5-3-13

第 5 步，端口组创建完成，如图 5-3-14 所示。

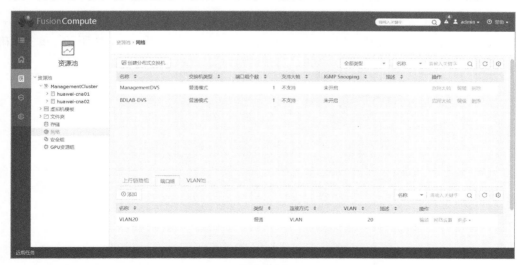

图 5-3-14

第 6 步，查看名为 CentOS7-01 的虚拟机网卡信息，如图 5-3-15 所示，其使用默认分布式交换机创建了名为 managePortgroup 的端口组。

图 5-3-15

第 7 步，使用命令查看虚拟机 IP 地址，如图 5-3-16 所示，获取的 IP 地址为 10.92.10.149。

图 5-3-16

第 8 步，修改虚拟机端口组为 BDLAB-DVS 的端口组，如图 5-3-17 所示，单击"确定"按钮。

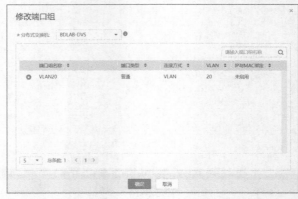

图 5-3-17

第 9 步，重新使用命令查看虚拟机 IP 地址，如图 5-3-18 所示，获取的 IP 地址为
10.92.20.1，说明虚拟机重新获取了 IP 地址，使用"ping"测试网络连通性，访问正常。

图 5-3-18

至此，分布式交换机的基本使用介绍完成。生产环境中，可以结合实际情况创建分
布式交换机，特别注意对交换机类型的选择。

5.4 本章小结

本章介绍了 FusionCompute 网络，包括标准虚拟网络以及分布式虚拟网络。在生产
环境中，需要结合实际情况进行配置。除了系统本身的配置外，还需要注意 CNA 计算
节点主机连接的物理交换机的配置，如果物理交换机配置与系统不匹配，可能导致网络
出现问题，甚至可能出现 CNA 计算节点主机、VRM、虚拟机无法访问。

扫码观看
本章配套视频

第 5 章

第6章
部署和使用虚拟存储

无论是传统数据中心还是华为虚拟化数据中心，存储设备都是数据中心正常运行的关键设备。企业虚拟化架构实施人员或者管理人员必须考虑如何在企业生产环境中构建高可用存储环境，以保证虚拟化架构的正常运行。华为 OceanStor 存储解决方案可以提供大容量、高容错、多台存储实时同步以及灾难恢复等功能。本章介绍常用的 iSCSI 存储和 NFS 存储配置等。

本章要点
- 存储简介
- 配置和使用 iSCSI 存储
- 配置和使用 NFS 存储

6.1 存储简介

FusionCompute 平台对存储的支持非常完善，例如 FC SAN、iSCSI、NFS 等。

6.1.1 常见存储类型

从早期的 FusionCompute 版本开始，FusionCompute 支持的存储类型就非常多，目前支持的存储类型如下。

（1）本地存储

多数传统的服务器配置有本地磁盘，对于 CNA 计算节点主机来说，这就是本地存储，也是基本存储之一。本地存储可以用于安装 CNA 系统、存放虚拟机等。但使用本地存储时，虚拟化架构的一些高级特性可能无法使用。

（2）FC SAN 存储

FC SAN 是华为官方推荐的存储之一。它能够最大限度地发挥虚拟化架构的优势，实现虚拟化架构所有的高级特性，如 vMotion、HA（High Availability，高可用性）、DRS（Distributed Resource Scheduler，分布式资源调度）等。同时，FC SAN 存储可以支持 CNA 计算节点主机 FC SAN Boot，其缺点是需要 FC HBA（Host Bus Adapter，主机总线适配器）卡、FC 交换机、FC 存储支持，投入成本较高。

（3）iSCSI 存储

相对 FC SAN 存储来说，iSCSI 是相对便宜的 IP SAN 解决方案，也被称为性价比最高的解决方案。它可以使用普通服务器安装 iSCSI Target Software 来实现，同时支持 SAN Boot 引导（取决于 iSCSI HBA 卡是否支持 BOOT）。部分观点认为，iSCSI 存储存在传输速率较低、CPU 占用率较高等问题。但目前使用的主流 CPU、10GE 以太网络、iSCSI HBA 卡等基本可以解决这些问题。

（4）NFS 存储

NFS 是中小企业使用最多的网络文件系统，其最大的优点是配置管理简单，虚拟化架构主要的高级特性功能均可实现。

6.1.2　FC SAN 存储简介

FC 英文全称为 Fiber Channel，目前普遍翻译为“光纤通道”，实际上比较准确的翻译应为“网状通道”。FC 最早作为 HP、SUN、IBM 等公司组成的 R&D 实验室中一项研究项目出现。这些公司早期采用同轴电缆进行连接，后来发展到使用光纤连接，因此也就习惯将其称为光纤通道。

FC SAN 英文全称为 Fiber Channel Storage Area Network，中文翻译为“光纤/网状通道存储局域网络”，是一种将存储设备、连接设备和接口集成在一个高速网络中的技术。SAN 本身就是一个存储网络，承担了数据存储任务。SAN 与 LAN（Local Area Network，局域网）业务网络相隔离，存储数据流不会占用业务网络带宽，使存储空间得到更加充分的利用，也使安装和管理更加有效。

FC SAN 存储一般包括如下 3 个部分。

（1）FC SAN 服务器

如果要使用 FC SAN 存储，网络中必须存在一台 FC SAN 服务器，用于提供存储服务。目前主流的存储厂商，如 EMC、戴尔、华为、浪潮等，都可以提供专业的 FC SAN 服务器，价格根据控制器型号、存储容量以及其他可以使用的高级特性来决定。一般来说，存储厂商提供的 FC SAN 服务器价格比较昂贵。

另外一种做法是购置普通的 PC 服务器，通过安装 FC SAN 存储软件以及 FC HBA 卡来提供 FC SAN 存储服务，价格相对便宜。

（2）FC HBA 卡

FC SAN 服务器或普通服务器上的 FC HBA 卡，用于连接 FC SAN 交换机。目前市面上常用的 FC HBA 卡分为单口和双口两种，也有满足特殊需求的多口 FC HBA 卡。比较主流的 FC HBA 卡速率为 16Gbit/s 或 32Gbit/s，64Gbit/s 的 FC HBA 卡由于价格相对较高，因此使用相对较少。

（3）FC SAN 交换机

FC SAN 交换机用于连接服务器以及 FC SAN 存储。目前市面上常用的 FC SAN 交换机主要有博科、思科、华为等品牌产品。FC SAN 端口数及其支持的速率请参考 FC SAN 交换机相关文档。

6.1.3　iSCSI 存储简介

iSCSI，英文全称为 Internet Small Computer System Interface，中文翻译为"互联网小型计算机系统接口"。基于 TCP/IP（Transmission Control Protocol/Internet Protocol，传输控制协议/互联网协议），iSCSI 用来建立和管理 IP 存储设备、主机和客户机等之间的相互连接，并创建 SAN。SAN 使 SCSI 协议应用于高速数据传输网络成为可能，这种传输以数据块级别（Block-Level）的方式在多个数据存储网络间进行。

iSCSI 存储的最大好处是能够在不增加专业设备的情况下，利用已有服务器以及以太网环境快速搭建。虽然其性能和带宽与 FC SAN 存储还有一些差距，但从整体上能为企业节省 30%～40% 的成本。如果企业没有 FC SAN 存储费用预算，可以使用普通服务器安装 iSCSI Target Software 来实现 iSCSI 存储。iSCSI 存储支持 SAN Boot 引导（取决于 iSCSI Target Software 以及 iSCSI HBA 卡是否支持 BOOT）。

需要注意的是，目前 85% 的 iSCSI 存储在部署过程中只采用 iSCSI Initiator 软件方式实施。iSCSI 传输的数据将使用服务器 CPU 进行处理，这样会额外增加服务器 CPU 的使用率。所以，在服务器上使用 TCP/IP 卸载引擎（TCP/IP Offload Engine，TOE）和 iSCSI HBA 卡可以有效节省 CPU 资源，尤其对速度较慢但注重性能的应用程序服务器而言。

6.1.4　NFS 简介

NFS，英文全称为 Network File System，中文翻译为"网络文件系统"。NFS 是由 Sun 公司研制的 UNIX 表示层协议（Presentation Layer Protocol），能使使用者访问网络上的文件，就像在使用自己的计算机一样。NFS 是基于 UDP/IP 的应用，其实现主要采用远程过程调用（Remote Procedure Call，RPC）机制。RPC 提供了一组与机器、操作系统以及低层传送协议无关的存取远程文件的操作。RPC 采用了 XDR（External Data Representation，外部数据格式）。XDR 是一种与机器无关的数据描述编码的协议，以独立于任何机器体系结构的格式对网络上传送的数据进行编码和解码，支持在异构系统之间进行数据传送。

NFS 是 UNIX 和 Linux 系统中流行的网络文件系统。此外，Windows Server 也将 NFS 作为一个组件，添加配置后，Windows Server 可以提供 NFS 存储服务。

6.2 配置和使用 iSCSI 存储

了解 FusionCompute 所支持的存储后，就可以配置和使用存储。本节先介绍 iSCSI 协议再介绍 CNA 计算节点主机 IP SAN 配置。本节配置的 iSCSI 存储指的是 IP SAN 存储。

6.2.1 SCSI 协议简介

在了解 iSCSI 协议前，需要了解 SCSI。SCSI 英文全称是 Small Computer System Interface，即小型计算机接口。SCSI 是 1979 年由美国施加特公司（希捷的前身）研发并制定，由美国国家标准协会（American National Standards Institute，ANSI）公布的接口标准。SAM-3（SCSI Architecture Model-3）用一种较松散的方式定义了 SCSI 的体系架构。

SAM-3 是 SCSI 体系架构的标准规范。它自底向上分为如下 4 个层次。

（1）物理连接层（Physical Interconnect）

如 Fibre Channel Arbitrated Loop、Fibre Channel Physical Interfaces。

（2）SCSI 传输协议层（SCSI Transport Protocol）

如 SCSI Fibre Channel Protocol、Serial Bus Protocol、Internet SCSI。

（3）共享指令集（SCSI Primary Command）

适用于所有设备类型。

（4）专用指令集（Device-Type Specific Command Set）

如块设备指令集 SBC（SCSI Block Command）、流设备指令集 SSC（SCSI Stream Command）、多媒体指令集 MMC（SCSI-3 Multimedia Command Set）。

简单地说，SCSI 定义了一系列规则提供给 I/O 设备，用以请求相互之间的服务。每个 I/O 设备称为逻辑单元（Logical Unit，LU），每个逻辑单元都有唯一的地址，这个地址称为逻辑单元号（Logical Unit Number，LUN）。SCSI 体系架构采用客户端/服务器（Client/Server，C/S）模式，客户端称为 Initiator，服务器称为 Target。数据传输时，客户端向服务器发送请求（Request），服务器回应响应（Response），iSCSI 协议也沿用了这个思路。

6.2.2 iSCSI 协议基本概念

iSCSI 协议是集成了 SCSI 协议和 TCP/IP 的新协议。它在 SCSI 协议基础上扩展了网络功能，可以让 SCSI 命令通过网络传送到远程 SCSI 设备上，而 SCSI 协议只能访问本地 SCSI 设备。iSCSI 协议是传输层之上的协议，使用 TCP 建立会话。客户端的 TCP 端口可随机选取，Target 的端口号默认是 3260。iSCSI 协议使用客户–服务器模式。客户端称为 Initiator，服务器称为 Target。

（1）客户端

客户端通常指用户主机系统。用户产生 SCSI 请求，并将 SCSI 命令和数据封装到 TCP/IP 包中发送到 IP 网络中。

（2）服务器

服务器通常指存储设备。它用于转换 TCP/IP 包中的 SCSI 命令和数据。

6.2.3　iSCSI 协议名字规范

在 iSCSI 协议中，客户端和服务器通过名字进行通信。因此，每一个 iSCSI 节点（即客户端）必须拥有一个 iSCSI 名字。

iSCSI 协议定义了如下三类名字结构。

（1）IQN（iSCSI Qualified Name）

IQN 格式为"iqn" + "年月" + "." + "颠倒的域名" + ":" + "设备的具体名称"。之所以颠倒域名是为了避免可能的命名冲突。

（2）EUI（Extend Unique Identifier）

EUI 来源于 IEEE（Institute of Electrical and Electronics Engineers，电气电子工程师学会）中的 EUI。其格式为"eui" + "64 位的唯一标识（16 个字母）"。64 位中，前 24 位（6 个字母）是公司的唯一标识，后面 40 位（10 个字母）是设备的标识。

（3）NAA（Network Address Authority）

由于 SAS（Serial Attached Small Computer System Interface，串行小型计算机系统接口）协议和 FC 协议都支持 NAA，因此 iSCSI 协议也支持这种名字结构。NAA 格式为"naa" + "64 位（16 个字母）或者 128 位（32 个字母）的唯一标识"。

6.2.4　配置 CNA 计算节点主机使用 iSCSI 存储

了解 iSCSI 存储的基本概念后，就可以配置 iSCSI 存储。本小节介绍配置 CNA 计算节点主机使用 iSCSI 存储。

第 1 步，查看资源池数据存储信息，可以看到目前只有虚拟化本地硬盘，也就是两台 CNA 计算节点主机使用的本地硬盘，如图 6-2-1 所示，选择"存储资源"。

第 2 步，"存储资源"选项卡为空，如图 6-2-2 所示，单击"添加存储资源"。

第 3 步，进入添加存储资源对话框，选择类型为"IPSAN"，名称以及相关 IP 地址信息根据实际情况填写即可，勾选"关联主机"，如图 6-2-3 所示，单击"下一步"按钮。

图 6-2-1

图 6-2-2

图 6-2-3

　　第 4 步，勾选两台 CNA 计算节点主机，将存储关联到两台 CNA 计算节点主机，如图 6-2-4 所示，单击"下一步"按钮。

图 6-2-4

　　第 5 步，确认添加存储资源信息是否正确，勾选"扫描存储设备"，如图 6-2-5 所示，单击"确定"按钮。

图 6-2-5

　　第 6 步，IP SAN 存储添加完成，如图 6-2-6 所示。

图 6-2-6

第 7 步，打开"存储设备"选项卡，可以看到 IP SAN 存储相关信息，如图 6-2-7 所示。

图 6-2-7

第 8 步，打开"数据存储"选项卡，依旧只有虚拟化本地硬盘信息，如图 6-2-8 所示，这是因为还未将 IP SAN 存储添加到数据存储，单击"添加数据存储"按钮。

图 6-2-8

第 9 步，添加 IP SAN 存储。选择扫描到的 IP SAN 存储进行添加，如图 6-2-9 所示，单击"下一步"按钮。

图 6-2-9

第 10 步，设置数据存储相关信息，使用方式选择"虚拟化"，勾选"Management Cluster"，如图 6-2-10 所示，单击"下一步"按钮。

图 6-2-10

第 11 步，确认添加数据存储相关信息是否正确，如图 6-2-11 所示，单击"确定"按钮。

图 6-2-11

第 12 步，系统提示格式化存储设备会导致原有数据全部丢失，如图 6-2-12 所示，单击"确定"按钮。

图 6-2-12

第 13 步，开始创建数据存储，如图 6-2-13 所示。

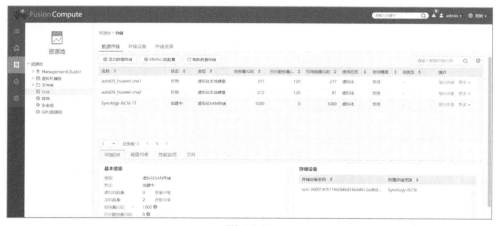

图 6-2-13

第 14 步，数据存储创建完成，"状态"为"可用"，如图 6-2-14 所示。

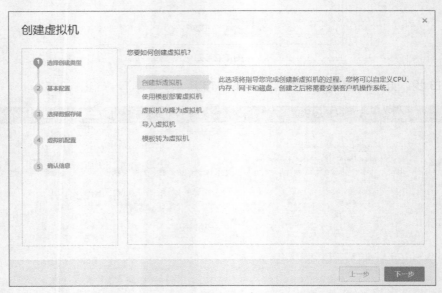

图 6-2-14

第 15 步，使用 iSCSI 存储创建虚拟机，如图 6-2-15 所示，单击"下一步"按钮。

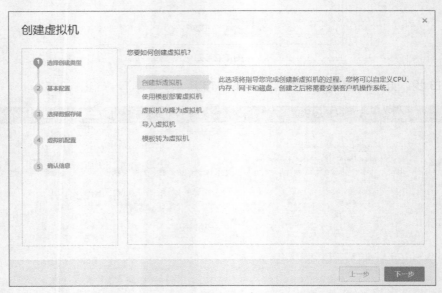

图 6-2-15

第 16 步，选择新创建的 iSCSI 存储，如图 6-2-16 所示，单击"下一步"按钮。

图 6-2-16

第 17 步，虚拟机创建完成，如图 6-2-17 所示，单击"打开电源"按钮。

图 6-2-17

第 18 步，虚拟机磁盘位于新创建的数据存储上，如图 6-2-18 所示。

至此，配置和使用 iSCSI 存储完成。生产环境中推荐使用专业的 iSCSI 存储服务器以及 10GE 以上网络，如果预算充足，可以考虑配置全闪存架构的 iSCSI 存储服务器。

图 6-2-18

6.3　配置和使用 NFS 存储

　　FusionCompute 除了 iSCSI 存储外，也提供支持 NFS 存储。由于 NFS 存储搭建以及维护相当简单，在中小企业中使用非常广泛。本节介绍 NFS 存储的配置和使用，这里配置的 NAS 存储指的就是 NFS 存储。

6.3.1　NFS 存储简介

　　NFS 从 1984 年出现后持续演变，现已成为分布式文件系统的基础。NFS 通过网络对分布的文件提供可扩展的访问。NFS 经过多次演变，从 NFS v2 开始被大家所熟知，之后，逐渐演变为 NFS v3 和后来的 NFS v4，特别是 NFS v4.1 增加了跨越分布式服务器的并行访问支持，使 NFS 支持最新的虚拟化以及容器等，也让 NFS 达到企业级的应用。

　　NFS 的工作原理相对简单，使用客户端/服务器架构，由客户端程序和服务器程序组成。服务器程序向其他设备提供对文件系统的访问，其过程称为输出。客户端程序对共享文件系统进行访问时，把它们从 NFS 服务器中"输送"出来。文件通常以块为单位进行传输，大小为 8KB。NFS 传输协议用于服务器和客户机之间的文件访问和共享通信，从而使客户机可以远程访问保存在存储设备上的数据。

6.3.2 配置 CNA 计算节点主机使用 NFS 存储

了解 NFS 存储的基本概念后，就可以配置 NFS 存储。本小节介绍配置 CNA 计算节点主机使用 NFS 存储。

第 1 步，进入添加存储资源对话框，选择"类型"为"NAS"，基本信息根据实际环境设置即可，勾选"关联主机"，如图 6-3-1 所示，单击"下一步"按钮。

图 6-3-1

第 2 步，勾选两台 CNA 计算节点主机，将存储关联到两台 CNA 计算节点主机上，如图 6-3-2 所示，单击"下一步"按钮。

图 6-3-2

第 3 步，确认添加存储资源信息是否正确，如图 6-3-3 所示，单击"确定"按钮。

图 6-3-3

第 4 步，NAS 存储添加完成，如图 6-3-4 所示。

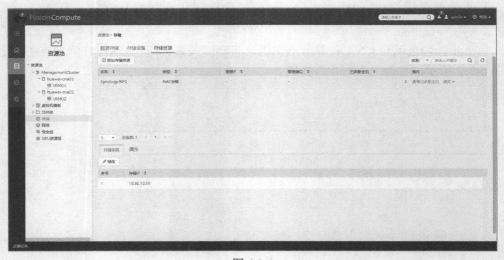

图 6-3-4

　　第 5 步，打开"存储设备"选项卡，可以看到 NAS 存储相关信息，如图 6-3-5 所示。

　　第 6 步，再次查看数据存储信息，依旧只有虚拟化本地硬盘，如图 6-3-6 所示，这是因为还未将 NAS 存储添加到数据存储中。

图 6-3-5

图 6-3-6

第 7 步，添加 NAS 存储。选择 NAS 存储进行添加，如图 6-3-7 所示，单击"下一步"按钮。

第 8 步，输入添加数据存储相关信息，勾选"ManagementCluster"，如图 6-3-8 所示，单击"下一步"按钮。

第 9 步，确认添加数据存储相关信息是否正确，如图 6-3-9 所示，单击"确定"按钮。

图 6-3-7

图 6-3-8

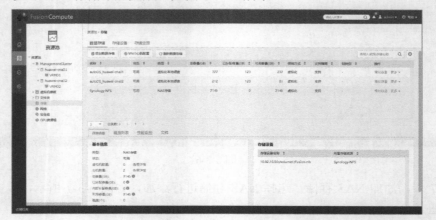

图 6-3-9

第 10 步，NAS 存储添加完成，如图 6-3-10 所示。

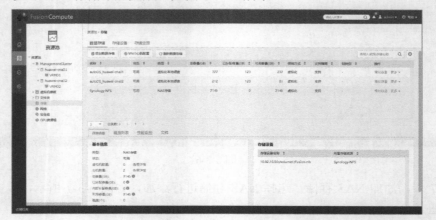

图 6-3-10

第 11 步，创建一台新的虚拟机，数据存储选择刚创建好的 NAS 存储，如图 6-3-11 所示，单击"下一步"按钮。

图 6-3-11

第 12 步，虚拟机磁盘位于新创建的数据存储上，如图 6-3-12 所示。

图 6-3-12

6.4 本章小结

本章介绍了 FusionCompute 使用的存储，主要涉及 iSCSI 存储和 NFS 存储。生产环境中可以根据实际情况进行选择。由于 FC SAN 存储配置涉及其他设备，本章未介绍。读者可以参考其他资料。生产环境中，大都使用普通以太网卡承载 iSCSI 存储，推荐使用独立的网卡。为保证冗余，建议配置多路径，当一条路径出现问题后可以走其他路径。另外，iSCSI 存储推荐使用 10GE 网络，使用 1GE 网络其传输会受限，若使用 10GE 网络，CNA 计算节点主机、存储服务器以及网络交换机都必须使用 10GE。

扫码观看
本章配套视频

第 6 章

第 7 章
部署和使用高级特性

通过前面章节的学习，我们掌握了 FusionCompute 虚拟化架构的基本部署和使用方法。生产环境中，需要使用各种高级特性以保证 CNA 计算节点主机以及虚拟机的正常运行。主要的高级特性包括迁移、HA、计算资源调度等。本章介绍如何配置这些高级特性。

本章要点
- 部署和使用虚拟机迁移
- 配置高级特性

7.1 部署和使用虚拟机迁移

虚拟机的在线迁移或冷迁移是虚拟化平台高级特性的基础。FusionCompute 平台支持多种迁移方式。本节介绍虚拟机迁移。

7.1.1 迁移虚拟机

如果虚拟机所在 CNA 计算节点主机要进行维护，就需要在开机状态下将虚拟机迁移到其他 CNA 计算节点主机上。本小节介绍虚拟机在开机状态下如何迁移到其他 CNA 计算节点主机上。

第 1 步，选择需要迁移的虚拟机，本小节使用 CentOS7-02 虚拟机，该虚拟机迁移前位于 huawei-cna02 节点主机上且处于运行状态，如图 7-1-1 所示，在虚拟机上单击右键，选择"迁移"。

第 2 步，FusionCompute 支持多种迁移方式，本小节选择"更改主机"，如图 7-1-2 所示，单击"下一步"按钮。

图 7-1-1

图 7-1-2

参数解释如下。

（1）更改主机

更改主机是指将虚拟机从一台 CNA 计算节点主机迁移到其他 CNA 计算节点主机上。其前提条件是虚拟机处于开机状态且安装了 Tools 工具。需要注意的是，虚拟机若绑定 USB 等设备以及 CPU 指令集不一致等，可能导致迁移失败。

（2）更改数据存储

更改数据存储是指将虚拟机的存储从一个存储迁移到其他存储上。迁移的前提是虚拟机所在 CNA 计算节点主机可以访问迁移前和迁移后的数据存储。另外，更改数据存储的虚拟机可以是开机状态，也可以是关机状态。

（3）更改主机和数据存储

更改主机和数据存储是指同时迁移虚拟机所在 CNA 计算节点主机和存储，可以理解为虚拟机整机迁移或无共享热迁移，迁移过程中虚拟机可以不中断对外服务。

（4）热迁移超时时间

虚拟机热迁移用时超过设置时间后迁移失败，默认为不超时。

第 3 步，选择迁移目的主机，如图 7-1-3 所示，单击"下一步"按钮。

第 4 步，确认迁移虚拟机信息是否正确，如图 7-1-4 所示，单击"确定"按钮。

图 7-1-3

图 7-1-4

第 5 步，虚拟机开始迁移，如图 7-1-5 所示。

图 7-1-5

第 6 步，虚拟机成功迁移到 huawei-cna01 节点主机上，如图 7-1-6 所示。

图 7-1-6

7.1.2 同时迁移虚拟机和存储

虚拟机的迁移方式，除了更改主机外，还有更改数据存储。本小节介绍同时迁移虚拟机和数据存储。

第 1 步，选择需要迁移的虚拟机，本小节使用 CentOS7-01 虚拟机。在"迁移虚拟机"对话框中选择"更改主机和数据存储"，如图 7-1-7 所示，单击"下一步"按钮。

图 7-1-7

第 2 步，选择迁移目的主机，如图 7-1-8 所示，单击"下一步"按钮。

图 7-1-8

第 3 步，选择目标数据存储。针对不同的存储，FusionCompute 提供了非共享存储以及共享存储迁移方式，根据实际情况选择即可。本小节选择"存储整体迁移"，如图 7-1-9 所示，单击"下一步"按钮。

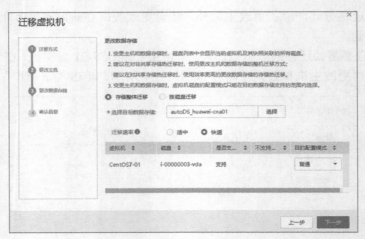

图 7-1-9

参数解释如下。

（1）迁移速率

迁移速率指迁移虚拟机的传输速率。

适中：系统资源占用较小。

快速：系统资源占用较大。建议在业务空闲时进行迁移，否则可能影响系统中正在运行的虚拟机的性能。

另外，源数据存储和目标数据存储均为 FusionStorage Block 时，迁移速率配置不生效。

（2）目的配置模式

目的配置模式指虚拟机磁盘使用的模式。

在精简模式下，虚拟机分配的磁盘不是一开始就全部被使用，而是随数据的增加而逐渐被使用。比如，虚拟机分配了 40GB 的磁盘空间，安装操作系统和应用程序使用了 20GB 空间，那么磁盘实际使用的是 20GB，而不是 40GB，这样做的好处是，可以节省磁盘空间。

在普通模式下，虚拟机分配的磁盘会全部保留，数据从磁盘上全部删除，磁盘创建时进行格式化操作。创建普通磁盘需要花费比较长的时间，但可以增加安全性，而且写入磁盘的性能比精简模式好。

在普通延迟置零模式下，虚拟机分配的磁盘会全部保留，但数据不会立即从磁盘上删除，当数据开始写入时才开始从磁盘上删除原有数据。和普通模式相比，该模式减少了创建磁盘需要花费的时间。

第 4 步，确认更改主机和数据存储信息是否正确，如图 7-1-10 所示，单击"确定"按钮。

图 7-1-10

第 5 步，虚拟机开始整体迁移，如图 7-1-11 所示。

第 6 步，虚拟机成功迁移到 huawei-cna01 节点主机，存储成功迁移到本地硬盘，如图 7-1-12 所示。

图 7-1-11

图 7-1-12

7.2　配置高级特性

FusionCompute 平台高级特性主要用于集群场景。当 CNA 计算节点主机加入集群后，可以配置 HA、DRS 等高级特性来保障 CNA 计算节点主机以及虚拟机的正常运行。本节介绍如何配置这些高级特性。

7.2.1　创建集群

如果选择以主备模式部署 VRM，系统会创建名为 ManagementCluster 的集群，生产环境中根据实际情况确定是否需要创建新的集群。本小节介绍集群的创建。

第 1 步，采用主备模式部署 VRM，创建的 ManagementCluster 集群包括 2 台 CNA 计算节点主机，如图 7-2-1 所示，单击"创建集群"按钮，创建新的集群。

图 7-2-1

第 2 步，输入集群名称， FusionCompute 支持"X86"和"ARM"两种 CPU 架构，根据实际情况选择即可。如图 7-2-2 所示，HA 配置等高级特性可以后续再配置，请单击"下一步"按钮。

第 3 步，配置集群主机内存复用以及虚拟机启动策略等基本信息，也可以后续再配置，如图 7-2-3 所示，单击"确定"按钮。

图 7-2-2

图 7-2-3

参数解释如下。

（1）主机内存复用

开启主机内存复用功能后，CNA 计算节点主机上创建的虚拟机内存可以超过物理内存，此方式可以提高 CNA 计算节点主机虚拟机数量，但并不意味着虚拟机可以使用的内存能够超过物理内存。在生产环境中，如果 CNA 计算节点主机内存使用率超过 70%，此时不建议开启主机内存复用。如果开启，可能会导致 CNA 计算节点主机内存不足，通过内存交换策略产生空闲内存反而影响虚拟机性能。当内存复用率超过 120%时，系统会出现重要级别的告警。

（2）虚拟机启动策略

虚拟机启动策略就是虚拟机在打开电源时对 CNA 计算节点主机的选择方式。

负载均衡启动策略是指虚拟机启动时，随机在集群中选择一台可以满足启动条件的 CNA 计算节点主机。

自动分配启动策略是指虚拟机启动时，选择 CPU 可用资源最大的 CNA 计算节点主机。

（3）虚拟机 NUMA 结构自动调整

NUMA 英文全称为 Non Uniform Memory Access，中文翻译为"非统一内存访问"。NUMA 结构在逻辑上遵循对称多处理架构。开启 NUMA，可以将 CNA 计算节点主机的 CPU 和内存结构呈现给虚拟机，虚拟机用户可以根据该结构利用第三方软件对 CPU 和内存进行相应的优化配置，从而提升虚拟机的性能。

第 4 步，确认集群基本信息是否正确，如图 7-2-4 所示，单击"确定"按钮。

创建集群

① 基本信息

基本信息

名称：　BDLAB-Cluster　　　描述：

CPU架构：　X86

② 基本配置

基本配置

③ 确认信息

主机内存复用：　　　　　未开启

虚拟机启动策略：　　　　负载均衡

虚拟机NUMA结构自动调整：　未开启

上一步　　确定

图 7-2-4

第 5 步，集群创建完成，如图 7-2-5 所示，单击"添加主机"可以将 CNA 计算节点主机添加到集群中。

图 7-2-5

第 6 步，配置 CNA 计算节点主机 IP 地址等信息，如图 7-2-6 所示，单击"下一步"按钮。

第 7 步，确认 CNA 计算节点主机信息是否正确，如图 7-2-7 所示，单击"确定"完成添加。

图 7-2-6

图 7-2-7

7.2.2 配置 HA

HA 英文全称为 High Availability，中文翻译为"高可用性"。开启 HA 后，当 CNA 计算节点主机或虚拟机故障时，可以在另一台 CNA 计算节点主机重启虚拟机，尽可能减少业务中断时间。需要注意的是，HA 的机制是虚拟机重启，重启时间以及服务启动时间不可控。本小节介绍配置 HA。

第 1 步，开启 HA，配置故障和响应策略，包括主机相关故障和响应策略、主机数据存储故障策略以及虚拟机故障和响应策略。一般来说，对于主机和虚拟机，选择"HA 虚拟机"即可；对于主机数据存储，建议结合存储的实际情况进行选择，本小节选择"不处理"，如图 7-2-8 所示。

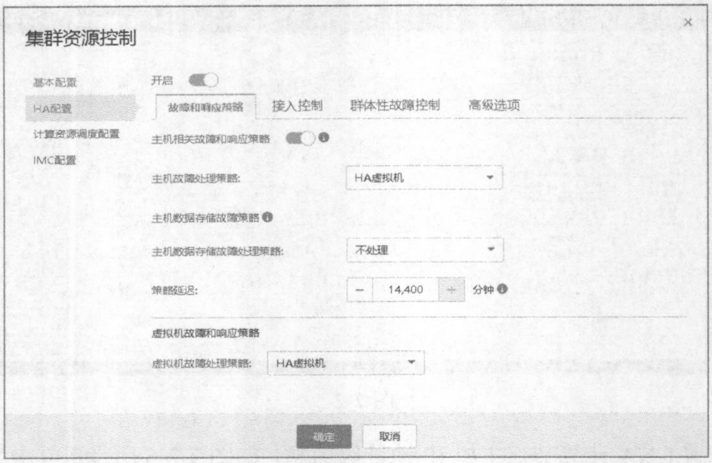

图 7-2-8

参数解释如下。

（1）主机故障处理策略

主机故障处理策略包括原主机恢复虚拟机和 HA 虚拟机。

原主机恢复虚拟机：虚拟机不会在其他 CNA 计算节点主机上进行重启，它会在故障主机恢复后再进行重启。

HA 虚拟机：虚拟机会在其他 CNA 计算节点主机上进行重启。

（2）主机数据存储故障处理策略

主机数据存储故障处理策略包括不处理和 HA 虚拟机。

不处理：当 CNA 计算节点主机存储出现故障时，虚拟机随着存储故障。

HA 虚拟机：当 CNA 计算节点主机存储出现故障时，虚拟机会尝试在其他存储上重启虚拟机。

（3）虚拟机故障处理策略

虚拟机故障处理指在 CNA 计算节点主机正常的情况下，如何处理虚拟机故障，处理策略包括不处理、重启虚拟机、HA 虚拟机、关闭虚拟机。

不处理：虚拟机保持故障状态，不会在其他 CNA 计算节点主机上进行重启。

重启虚拟机：虚拟机会重启。

HA 虚拟机：虚拟机会在其他 CNA 计算节点主机上进行重启。

关闭虚拟机：虚拟机直接关闭电源。

第 2 步，配置接入控制策略。接入控制策略是 HA 的核心配置，如果该配置出现问题，可能会导致无法对主机、虚拟机故障进行响应。本小节选择"HA 资源预留"，CPU 和内存各预留 10%，如图 7-2-9 所示。

图 7-2-9

参数解释如下。

（1）HA 资源预留

HA 资源预留是指预留集群 CPU 和内存资源用于虚拟机 HA。"CPU 预留"和"内存预留"指预留集群总 CPU 和内存资源的百分比，大多数环境中推荐使用该策略。

（2）使用专用故障切换主机

使用专用故障切换主机是指预留指定的 CNA 计算节点主机作为故障切换主机。当某台 CNA 计算节点主机作为专用故障切换主机时，其他虚拟机会禁止在该 CNA 计算节点主机上启动、迁移等。该策略适合有大量备机的环境使用。

（3）集群允许主机故障设置

集群允许主机故障设置是指集群允许指定的 CNA 计算节点主机发生故障时，系统会检查集群是否有足够的资源来满足故障切换。如果集群资源不足，系统会出现告警。

如果修改接入控制策略为"使用专用故障切换主机"，可以看到需要选择 CNA 计算节点主机，如图 7-2-10 所示。

图 7-2-10

　　如果修改接入控制策略为"集群允许的主机故障设置"，设置"故障主机数量"为 1、"插槽大小设置"为"自动设置"，如图 7-2-11 所示。

图 7-2-11

　　自动设置是指根据集群中所有已运行的虚拟机中最大的预留值设置插槽大小。插槽大小指的是 CPU 资源以及内存资源。

　　HA 计算 CPU 资源的方法是先获取每台已打开电源的虚拟机的 CPU 预留和内存开销，然后再选择其中的最大值。

　　HA 计算内存资源的方法是先获取每台已打开电源的虚拟机的内存预留和内存开销，然后选择其中的最大值。

　　HA 计算插槽数的方法是用主机的 CPU 资源数除以插槽大小的 CPU 资源，然后将结果取整。对主机的内存资源数进行同样的计算。然后，比较这两个数值，较小的那个数值为主机可以支持的插槽数。

　　如果修改接入控制策略为"集群允许的主机故障设置"，设置"故障主机数量"为 1、"插槽大小"设置为自定义设置。系统默认"CPU 插槽"频率为 4800MHz、"内存插槽"大小为 4096MB，实际上就是虚拟机使用的 CPU 资源以及内存资源，计算出"需要多个插槽的虚拟机"数量为 7，说明集群运行的虚拟机数量为 7，如图 7-2-12 所示。

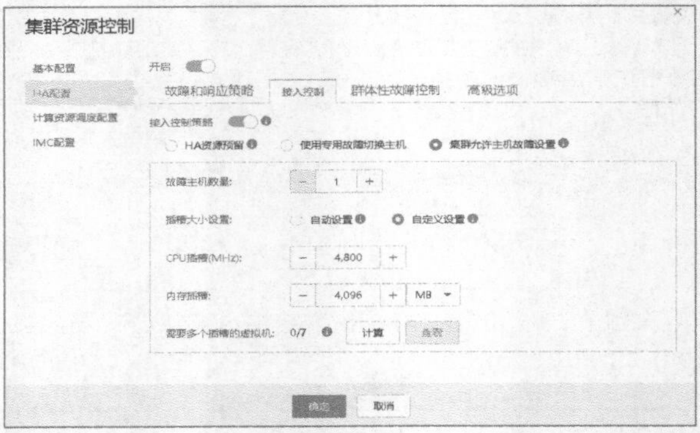

图 7-2-12

第 3 步，"群体性故障控制"可以根据实际情况选择是否开启，如图 7-2-13 所示。

图 7-2-13

群体性故障控制在"主机相关故障和响应策略"开启时才生效。通过配置"故障控制时间"内（默认为 2 小时）"允许处理虚拟机 HA 的主机数"（默认为 2），达到群体性故障时控制虚拟机 HA 的主机数。被群体性策略控制的主机，其上的虚拟机只能等待主机恢复后重启虚拟机。举例说明，2 小时内连续 5 台主机出现故障，系统只会对前 2 台主机上的虚拟机按照"主机故障处理策略"和"虚拟机替代项"的配置进行 HA，其他 3 台主机上的虚拟机只能等待主机恢复后重启虚拟机。

第 4 步，默认情况下高级选项为空，如图 7-2-14 所示，单击"添加"。

图 7-2-14

第 5 步，主机故障检测时间周期根据实际情况配置即可，如图 7-2-15 所示，单击"确定"按钮。

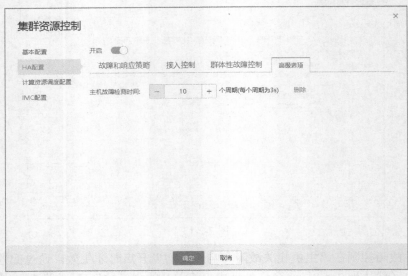

图 7-2-15

第 6 步，HA 配置完成，如图 7-2-16 所示。

图 7-2-16

第 7 步，模拟 CNA 计算节点主机故障的效果如图 7-2-17 所示。

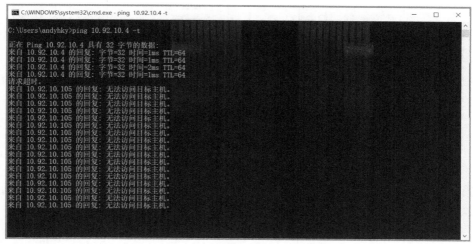

图 7-2-17

第 8 步，名称为 huawei-cna02 的 CNA 计算节点主机状态为故障，如图 7-2-18 所示。

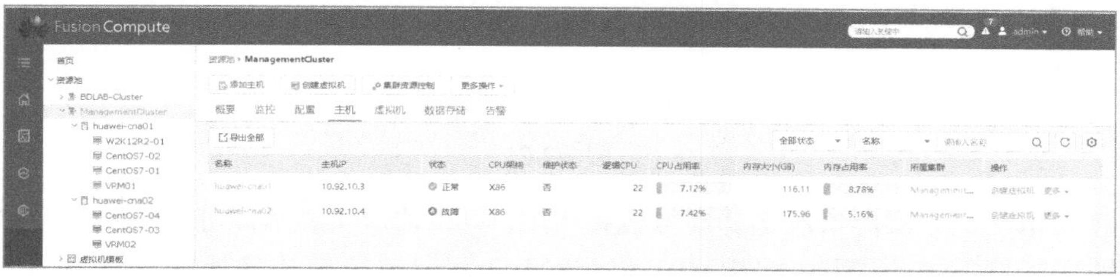

图 7-2-18

第 9 步，名称为 huawei-cna02 的 CNA 计算节点主机上的虚拟机在 huawei-cna01 的 CNA 计算节点主机上重启，如图 7-2-19 所示，说明故障切换成功。

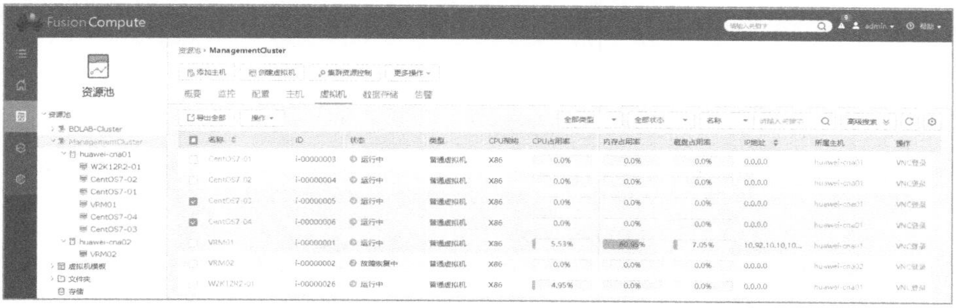

图 7-2-19

第 10 步，登录其中一台虚拟机，虚拟机网络正常，如图 7-2-20 所示。

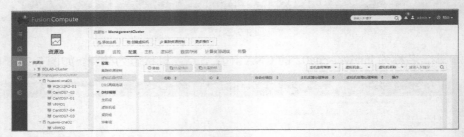

图 7-2-20

　　第 11 步，集群 HA 配置默认是全局的。如果有特殊虚拟机可以使用替代项，如图 7-2-21 所示，单击"添加"按钮。

图 7-2-21

　　第 12 步，结合实际情况选择虚拟机替代项，可以修改主机故障处理策略以及虚拟机故障处理策略。本小节选择 VRM01 和 VRM02 两台虚拟机故障处理策略为不处理，如图 7-2-22 所示，单击"确定"按钮。

图 7-2-22

第 13 步，配置虚拟机替代项完成，如图 7-2-23 所示。

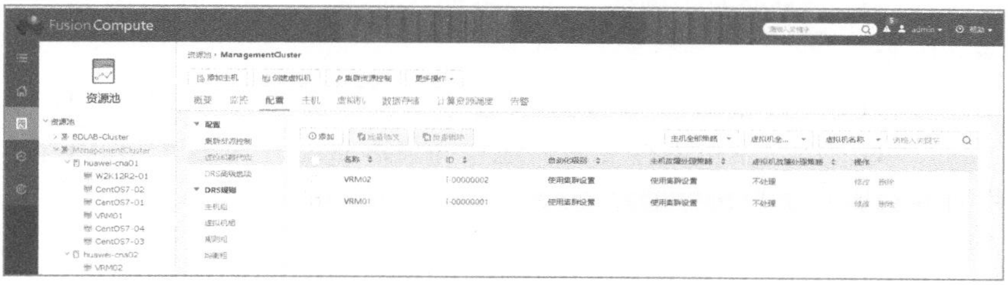

图 7-2-23

至此，HA 的基本配置完成。生产环境中建议根据实际情况选择合适的接入控制策略，必须确保接入控制策略配置正确，否则可能影响 CNA 计算节点主机或虚拟机故障后的响应方式。

7.2.3　配置计算资源调度

计算资源调度属于高级特性之一，其主要功能是实现集群内的 CNA 计算节点主机负载均衡。开启计算资源调度后，系统会采用智能负载算法对集群中 CNA 计算节点主机使用的资源进行计算，从而在不同 CNA 计算节点主机之间迁移虚拟机，以达到 CNA 计算节点主机资源使用均衡的目的。本小节介绍计算资源调度配置。

第 1 步，开启计算资源调度功能，然后根据实际情况进行选择。本小节中"自动化级别"选择"自动"，"衡量因素"选择"CPU 和内存"，"调度基线"设置为 80%，如图 7-2-24 所示。

图 7-2-24

参数解释如下。

（1）自动化级别

自动化级别有手动和自动两种模式。手动模式意味着系统会根据虚拟机负载情况生成迁移建议，需要运维人员确定后才会进行迁移；自动模式意味着系统会根据虚拟机负载情况直接进行迁移，无须人工操作。

（2）衡量因素

衡量因素有 CPU、内存以及 CPU 和内存。如果未使用主机内存复用，建议衡量因素配置为 CPU。如果使用主机内存复用，建设衡量因素配置为 CPU 和内存。因为只有当资源复用时才会影响虚拟机性能。

（3）调度基线

调度基线指集群中主机的 CPU 占用率和内存占用率达到什么标准时，启用调度策略。可以根据生产环境实际情况进行配置。

（4）迁移阈值

迁移阈值可以通过时间来配置调度的需求。建议在访问峰值时配置为中等或较保守，访问低谷时配置为较激进或激进。

第 2 步, 进行其他参数配置, 如图 7-2-25 所示，单击"确定"按钮。

第 3 步，基本的计算资源调度配置完成，如图 7-2-26 所示。

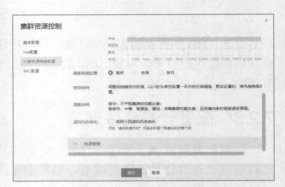

图 7-2-25

图 7-2-26

第 4 步，打开"计算资源调度"选项卡，可以看到"集群平衡状态"为"平衡"，如图 7-2-27 所示，如果有调度需求，单击"立即调度"按钮。

图 7-2-27

第 5 步，系统会提示是否确认立即调度，如图 7-2-28 所示，单击"确定"按钮进行调度。

图 7-2-28

第 6 步，建议结合计算资源调度和 DRS 进行使用。图 7-2-29 所示为 DRS 高级选项，一般使用默认值即可。

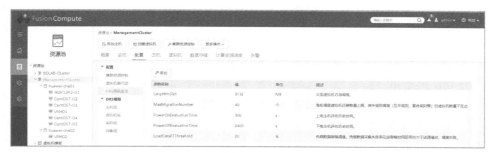

图 7-2-29

第 7 步，配置"DRS 规则组"→"规则组"，如图 7-2-30 所示，单击"添加"按钮。

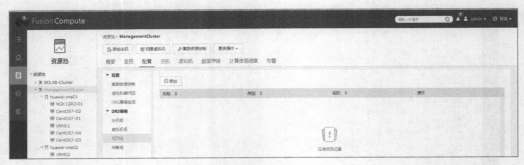

图 7-2-30

第 8 步，选择两台虚拟机，设置 DRS 规则组类型为"互斥虚拟机"，如图 7-2-31 所示，单击"确定"按钮。

图 7-2-31

参数解释如下。

（1）聚集虚拟机

聚集虚拟机是指勾选的虚拟机在同一台 CNA 计算节点主机上运行。

（2）互斥虚拟机

互斥虚拟机是指勾选的虚拟机不能在同一台 CNA 计算节点主机上运行。

（3）虚拟机到主机

虚拟机到主机是指通过定义虚拟机组和主机组更精细化地实现对运行虚拟机的 CNA 计算节点主机的控制。

第 9 步，DRS 规则组配置完成，如图 7-2-32 所示。

图 7-2-32

第 10 步，开始执行系统调度任务，如图 7-2-33 所示。

图 7-2-33

第 11 步，系统调度任务完成后查看计算资源调度信息，可以看到虚拟机 CentOS7-02 已经迁移到另外一台 CNA 计算节点主机，如图 7-2-34 所示。

第 12 步，创建聚集虚拟机的 DRS 规则组，如图 7-2-35 所示，单击"确定"按钮。

第 13 步，聚集虚拟机的 DRS 规则组创建完成，如图 7-2-36 所示。

图 7-2-34

图 7-2-35

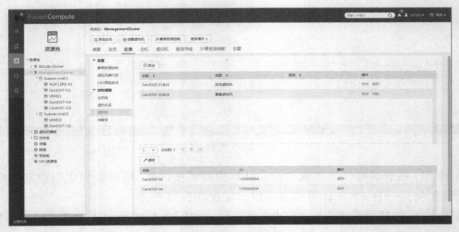

图 7-2-36

第 14 步，开始执行系统调度任务，如图 7-2-37 所示。

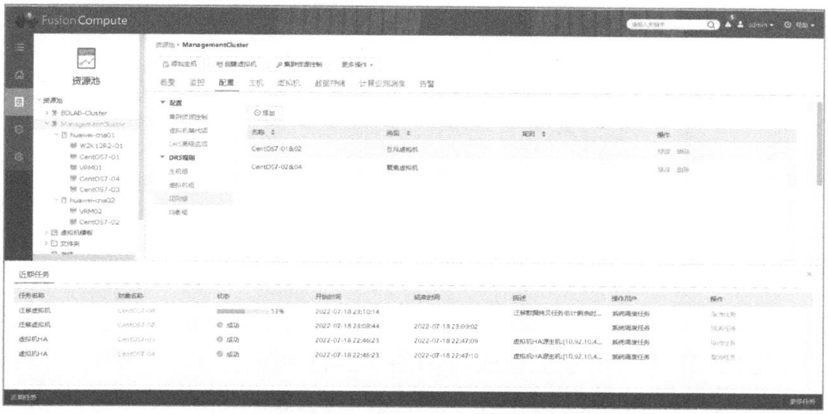

图 7-2-37

第 15 步，系统调度任务完成后查看计算资源调度信息，可以看到虚拟机 CentOS7-04 和 CentOS7-02 位于同一台 CNA 计算节点主机上，如图 7-2-38 所示。

图 7-2-38

第 16 步，一般使用 DRS 规则组即可，如果有多台 CNA 计算节点主机或虚拟机，推荐使用主机组以及虚拟机组。配置主机组，如图 7-2-39 所示，单击"添加"按钮。

图 7-2-39

第 17 步，添加 huawei-cna01 到 CNA01 主机组中，如图 7-2-40 所示，单击"确定"按钮。

图 7-2-40

第 18 步，CNA01 主机组添加完成，如图 7-2-41 所示。

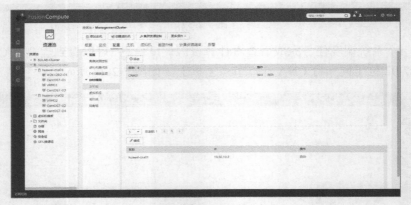

图 7-2-41

第 19 步，按照相同的方式可以添加 CNA02 主机组，如图 7-2-42 所示。

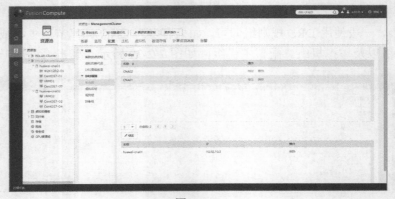

图 7-2-42

第 20 步，添加虚拟机组 CentOS7-01&02，如图 7-2-43 所示，单击"确定"按钮。

图 7-2-43

第 21 步，虚拟机组 CentOS7-01&02 添加完成，如图 7-2-44 所示。

图 7-2-44

第 22 步，添加虚拟机组 CentOS7-03&04，如图 7-2-45 所示，单击"确定"按钮。

图 7-2-45

第 23 步，虚拟机组 CentOS7-03&04 添加完成，如图 7-2-46 所示。

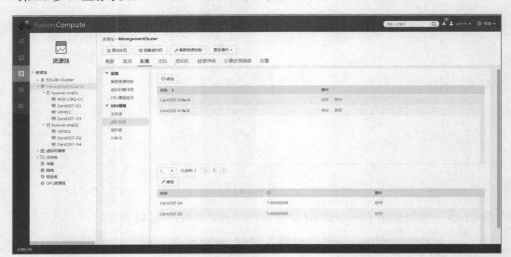

图 7-2-46

第 24 步，配置规则组，虚拟机组 CentOS7-01&02 必须在 CNA01 主机组上运行，如图 7-2-47 所示，单击"确定"按钮。

图 7-2-47

参数解释如下。

虚拟机到主机规则与虚拟机规则有一定的区别，分为强制性规则和非强制性规则。

必须在主机组上运行以及禁止在主机组上运行属于强制性规则。规则生效后，虚拟机必须或禁止在组内的主机上运行。

应该在主机组上运行和不应该主机组上运行属于非强制性规则。规则生效后，虚拟机可以应用该规则，也可以不应用该规则。非强制性规则需要结合 DRS 其他配置观察具体效果。

第 25 步，规则组创建完成，如图 7-2-48 所示。

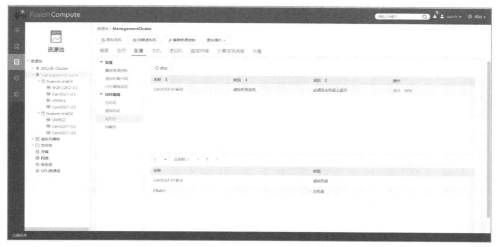

图 7-2-48

第 26 步，配置规则组，虚拟机组 CentOS7-03&04 必须在 CNA02 主机组上运行，如图 7-2-49 所示，单击"确定"按钮。

图 7-2-49

第 27 步，规则组创建完成，如图 7-2-50 所示。

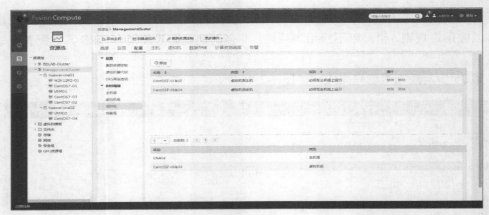

图 7-2-50

第 28 步，查看计算资源调度信息，可以看到虚拟机按规则进行了迁移，如图 7-2-51 所示。

图 7-2-51

第 29 步，均衡组属于比较特殊的组。用户可以在均衡组中添加虚拟机，通过计算资源调度，在集群整体负载均衡的基础上，组内的虚拟机再以负载均衡的方式在集群中达到负载均衡。均衡组默认未添加虚拟机，如图 7-2-52 所示，单击"添加"按钮。

图 7-2-52

第 30 步，勾选添加到均衡组的虚拟机，如图 7-2-53 所示，单击"确定"按钮。

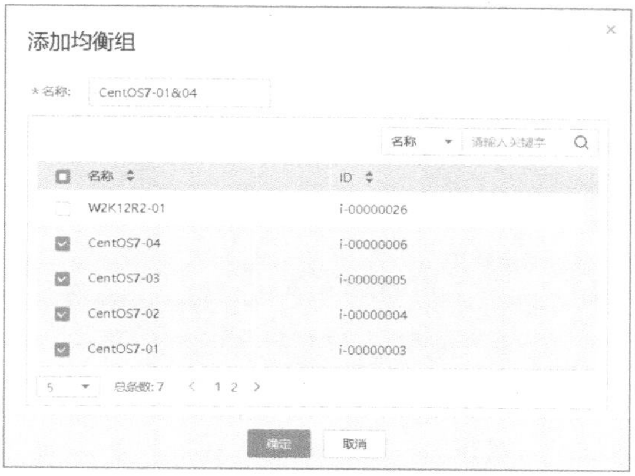

图 7-2-53

第 31 步，均衡组添加完成，如图 7-2-54 所示。

图 7-2-54

至此，计算资源调度配置完成。生产环境中，建议将自动化级别配置为自动，无须人工干预进行虚拟机的迁移。另外，计算资源调度建议配合规则来实现，这样可以更精细化地控制虚拟机的运行，提升 CNA 计算节点的使用效率。

7.2.4 配置 IMC

IMC 配置可以解决同一集群中 CPU 指令集不同的问题。生产环境中，一个集群的 CNA 计算节点主机使用的 CPU 可能有多个型号，不同型号的 CPU 的指令集是不同的。

如果虚拟机使用的 CPU 指令集不同，迁移可能会失败。通过配置 IMC 能够确保集群中的 CNA 计算节点主机的 CPU 指令集保持一致，不会出现因为 CPU 指令集不同导致虚拟机迁移失败的问题。本小节介绍 IMC 配置。

第 1 步，开启 IMC 模式，IMC 有多种模式可以选择，如图 7-2-55 所示。

图 7-2-55

参数解释如下。

（1）Nehalem

Nehalem 模式是指将 Intel® "Nehalem" Generation (Xeon® Core™ i7) 处理器的基准功能集应用到集群中的所有主机。这种模式允许具有以下处理器类型的主机加入集群。

```
Intel® "Nehalem" Generation (Xeon® Core™ i7)
Intel® "Westmere" Generation (Xeon® 32nm Core™ i7)
Intel® "SandyBridge" Generation
Intel® "IvyBridge" Generation
Intel® "Haswell-noTSX" Generation
Intel® "Haswell" Generation
Intel® "Broadwell-noTSX" Generation
Intel® "Broadwell" Generation
Intel® "Skylake-Client" Generation
Intel® "Skylake-Server" Generation
Intel® "Cascadelake-Server" Generation
```

（2）Westmere

Westmere 模式是指将 Intel® "Westmere" Generation (Xeon® 32nm Core™ i7) 处理器的基准功能集应用到集群中的所有主机。这种模式允许具有以下处理器类型的主机加入集群。

```
Intel® "Westmere" Generation (Xeon® 32nm Core™ i7)
```

```
Intel® "SandyBridge" Generation
Intel® "IvyBridge" Generation
Intel® "Haswell-noTSX" Generation
Intel® "Haswell" Generation
Intel® "Broadwell-noTSX" Generation
Intel® "Broadwell" Generation
Intel® "Skylake-Client" Generation
Intel® "Skylake-Server" Generation
Intel® "Cascadelake-Server" Generation
未来的 Intel® 处理器
```

（3）SandyBridge

SandyBridge 模式是指将 Intel® "SandyBridge" Generation 处理器的基准功能集应用到集群中的所有主机。这种模式允许具有以下处理器类型的主机加入集群。

```
Intel® "SandyBridge" Generation
Intel® "IvyBridge" Generation
Intel® "Haswell-noTSX" Generation
Intel® "Haswell" Generation
Intel® "Broadwell-noTSX" Generation
Intel® "Broadwell" Generation
Intel® "Skylake-Client" Generation
Intel® "Skylake-Server" Generation
Intel® "Cascadelake-Server" Generation
未来的 Intel® 处理器
```

第 2 步，"IMC 模式"设为"SandyBridge"，如图 7-2-56 所示，单击"确定"按钮。

图 7-2-56

第 3 步，IMC 配置完成，如图 7-2-57 所示。

图 7-2-57

至此，IMC 配置完成。生产环境中建议开启 IMC，以免出现同一集群中由于 CNA 计算节点主机 CPU 型号不一致导致的迁移失败等问题。另外，建议使用不同厂商的 CPU 的 CNA 计算节点主机部署在不同集群，比如，使用 Intel CPU 的 CNA 计算节点主机创建一个集群，使用 AMD CPU 的 CNA 计算节点主机创建一个集群。

7.3　本章小结

本章介绍了 FusionCompute 平台高级特性的使用，包括迁移、HA、计算资源调度等。高级特性是为了最大程度保障 CNA 计算节点主机以及虚拟机出现故障后快速恢复。需要注意的是，配置 HA 后，虚拟机重启以及服务启动时间是不可控的，建议运维人员关注虚拟机启动情况，必要时可以手动启动相应服务。另外，HA 的参数需要结合生产环境的实际情况进行配置，错误的配置会导致 CNA 计算节点主机和虚拟机无法进行故障恢复。

本章没有
配套视频

第 8 章
备份恢复虚拟机

虚拟机的日常备份非常重要，当虚拟机出现故障，使用高级特性也无法解决时，可以通过恢复虚拟机将其恢复到故障前的状态。FusionCompute 平台的虚拟机备份有多种方式，比较常用的是使用华为官方的备份工具或第三方工具。本章介绍如何使用华为 OceanStor BCManager 以及第三方工具 Vinchin Disaster Recovery 备份恢复虚拟机。

本章要点
- 使用 OceanStor BCManager 备份恢复虚拟机
- 使用 Vinchin Disaster Recovery 备份恢复虚拟机

8.1 使用 OceanStor BCManager 备份恢复虚拟机

OceanStor BCManager 是华为公司面向企业数据中心提供的灾备管理软件，能够实现主备、两地三中心、双活等容灾场景的统一管理，清晰、可视地掌控系统容灾业务的运行情况，快速方便地完成数据备份和恢复。OceanStor BCManager 通过 eBackup 模块实现虚拟机数据的备份，支持 FusionCompute、VMware vSphere 虚拟化平台等多个平台。

8.1.1 部署 OceanStor BCManager

OceanStor BCManager 下载后是模板文件，需要先导入 VRM 再进行部署使用。本小节介绍部署 OceanStor BCManager。

第 1 步，下载 OceanStor BCManager 文件后，需要将其导入系统。进入 VRM 主界面，如图 8-1-1 所示，单击"导入模板"。

图 8-1-1

第 2 步，选择从本地导入，指定模板路径，如图 8-1-2 所示，单击"下一步"按钮。

图 8-1-2

第 3 步，配置创建模板相关信息。OceanStor BCManager 使用的是 EulerOS，所以"操作系统类型"选择"Linux"，如图 8-1-3 所示，单击"下一步"按钮。

图 8-1-3

第 4 步，选择模板使用的数据存储，如图 8-1-4 所示，单击"下一步"按钮。

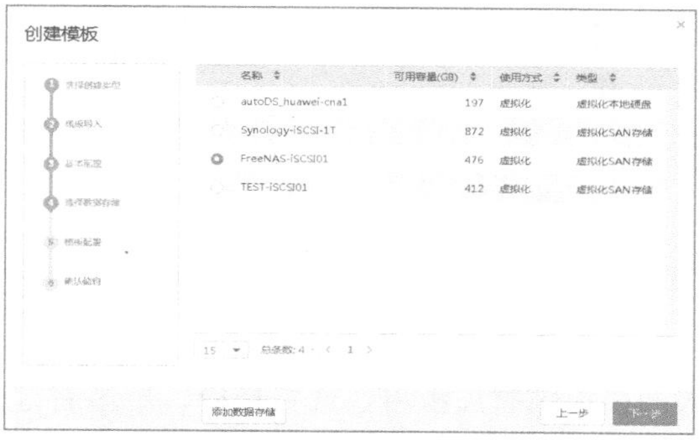

图 8-1-4

第 5 步，配置模板使用的硬件资源。模板参数不是固定的，在部署虚拟机时可以进行调整，如图 8-1-5 所示，单击"下一步"按钮。

图 8-1-5

第 6 步，确认创建模板信息是否正确，如图 8-1-6 所示，单击"确定"按钮。

图 8-1-6

第 7 步，系统导入模板成功，如图 8-1-7 所示。

图 8-1-7

第 8 步，通过导入的模板部署虚拟机。选择模板，单击右键，如图 8-1-8 所示，选择"按模板部署虚拟机"。

图 8-1-8

第 9 步，配置虚拟机相关信息，如图 8-1-9 所示，单击"下一步"按钮。

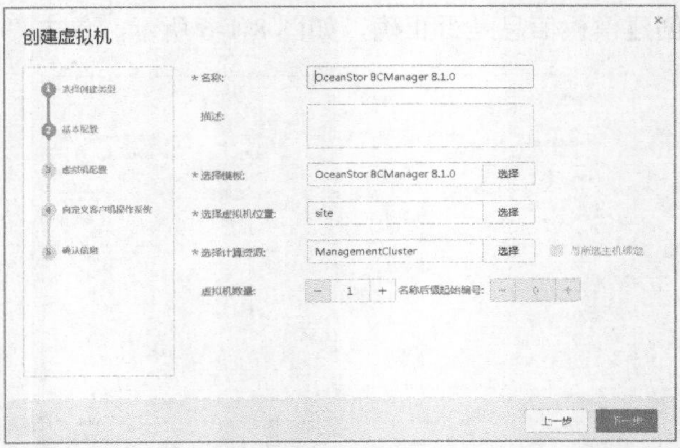

图 8-1-9

第 10 步，配置虚拟机硬件资源，如图 8-1-10 所示，单击"下一步"按钮。

图 8-1-10

第 11 步，选择虚拟机规格。如果不知道默认密码，可以勾选"生成系统初始密码"，如图 8-1-11 所示，单击"下一步"按钮。

图 8-1-11

第 12 步，确认创建虚拟机信息是否正确，勾选"创建完成后直接启动虚拟机"，如图 8-1-12 所示，单击"确定"按钮。

图 8-1-12

第 13 步，虚拟机创建完成，同时生成系统初始密码，如图 8-1-13 所示。

图 8-1-13

第 14 步，使用系统生成的初始密码登录虚拟机，修改密码，查看 IP 地址，如图 8-1-14 所示。

图 8-1-14

8.1.2　配置 OceanStor BCManager

完成 OceanStor BCManager 部署后，需要进行配置才能对虚拟机进行备份恢复。本小节介绍 OceanStor BCManager 的基本配置。

第 1 步，使用浏览器登录 OceanStor BCManager，如图 8-1-15 所示，单击"登录"按钮。

图 8-1-15

第 2 步，第一次登录需要修改初始密码，如图 8-1-16 所示，单击"确定"按钮。

图 8-1-16

第 3 步，进入系统主界面，如图 8-1-17 所示，单击"监控"。

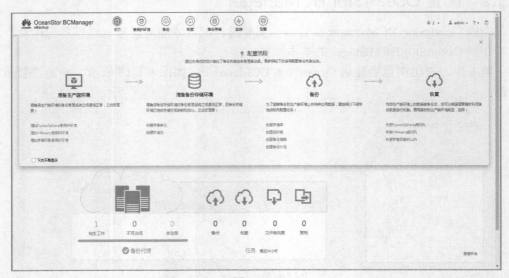

图 8-1-17

第 4 步，查看 OceanStor BCManager 备份服务器是否正常，如图 8-1-18 所示，OceanStor BCManager 服务器处于可访问状态，"注册状态"为"已注册"，单击"受保护环境"。

图 8-1-18

第 5 步，选择"FusionSphere"，如图 8-1-19 所示。

图 8-1-19

第 6 步，增加受保护环境，需要配置 VRM 相关信息，如图 8-1-20 所示，单击"确定"按钮。

图 8-1-20

第 7 步，系统出现无可匹配的证书警告，如图 8-1-21 所示，单击"确定"按钮。

图 8-1-21

第 8 步，增加 FusionSphere 受保护环境成功，如图 8-1-22 所示，单击"确定"按钮。

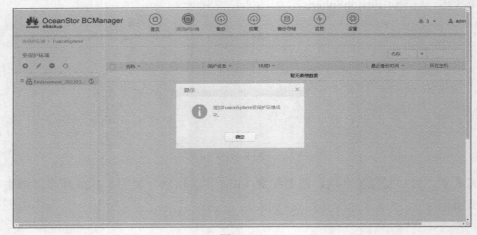

图 8-1-22

第 9 步，受保护环境中会列出所有虚拟机，如图 8-1-23 所示，单击"备份存储"。

图 8-1-23

第 10 步，备份存储为空，如图 8-1-24 所示，单击"创建"按钮。

图 8-1-24

第 11 步，添加 NFS 存储作为备份使用的存储单元，配置 NFS 存储相关参数，如图 8-1-25 所示，单击"确定"按钮。

图 8-1-25

第 12 步，NFS 存储单元创建完成，存储单元必须处于全部可访问状态才能对虚拟机进行备份以及恢复，如图 8-1-26 所示。

图 8-1-26

8.1.3　使用 OceanStor BCManager 备份虚拟机

完成 OceanStor BCManager 配置后就可以对虚拟机进行备份操作。本小节介绍虚拟机备份。

第 1 步，虚拟机备份需要创建备份计划。进入备份界面，如图 8-1-27 所示，单击"创建"按钮。

图 8-1-27

第 2 步，输入备份计划名称，如图 8-1-28 所示，单击"下一步"按钮。

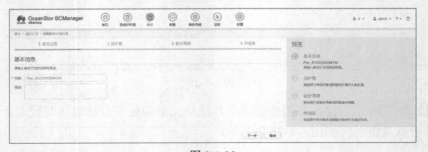

图 8-1-28

第 3 步，创建保护集，选择需要备份的虚拟机，如图 8-1-29 所示，单击"下一步"按钮。

图 8-1-29

第 4 步，确认创建保护集，如图 8-1-30 所示，单击"是"按钮。

图 8-1-30

第 5 步，创建备份策略，勾选"立即激活"，如图 8-1-31 所示，单击"创建备份策略"。

图 8-1-31

第 6 步，配置备份策略相关信息，"调度计划"以及"保留策略"根据实际情况
选择，如图 8-1-32 所示，单击"下一步"按钮。

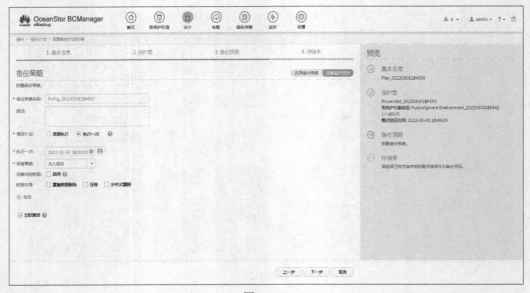

图 8-1-32

第 7 步，确认创建备份策略，如图 8-1-33 所示，单击"是"按钮。

图 8-1-33

第 8 步，创建新的存储库，如图 8-1-34 所示，选择"存储池"右边的"创建"。

图 8-1-34

第 9 步，创建存储池，目前存储单元为 0，如图 8-1-35 所示，选择"增加存储单元"。

图 8-1-35

第 10 步，选择之前创建好的 NFS 存储单元，如图 8-1-36 所示，单击"确定"按钮。

图 8-1-36

第 11 步，存储单元添加完成，如图 8-1-37 所示，单击"确定"按钮。

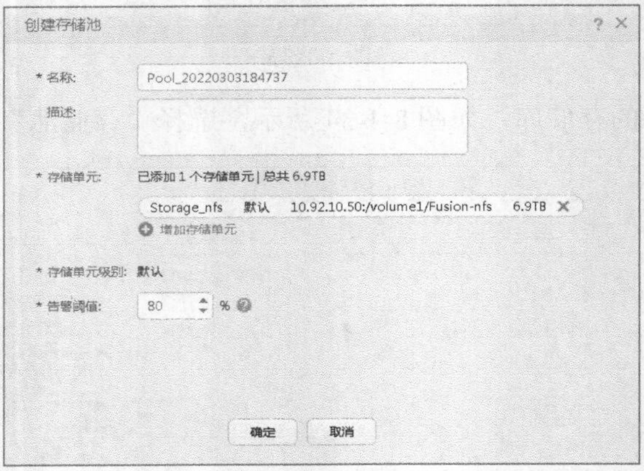

图 8-1-37

第 12 步，存储池创建完成，如图 8-1-38 所示，单击"完成"按钮。

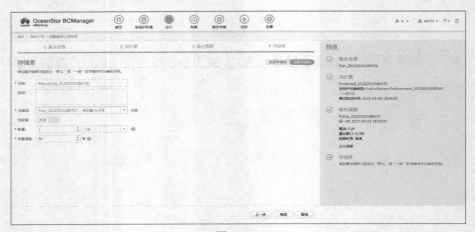

图 8-1-38

第 13 步，确认创建存储库，如图 8-1-39 所示，单击"是"按钮。

图 8-1-39

第 14 步，备份计划创建完成，如图 8-1-40 所示。

图 8-1-40

第 15 步，开始执行虚拟机备份，如图 8-1-41 所示。

图 8-1-41

第 16 步，虚拟机备份操作完成，如图 8-1-42 所示。

图 8-1-42

第 17 步，查看受保护环境信息，可以看到虚拟机备份成功，如图 8-1-43 所示。

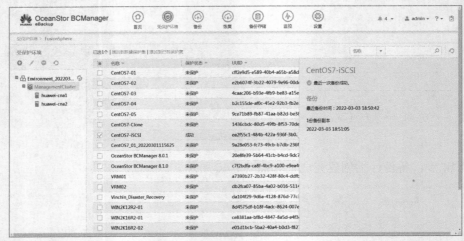

图 8-1-43

8.1.4　使用 OceanStor BCManager 恢复虚拟机

完成虚拟机备份操作后，可以进行恢复操作。本小节介绍如何进行虚拟机恢复操作。

第 1 步，进入恢复界面，可以看到备份成功的虚拟机信息，如图 8-1-44 所示，单击"批量恢复虚拟机至新位置"。

图 8-1-44

第 2 步，选择"恢复虚拟机到新位置"，根据实际情况配置计算资源、数据存储以及新建虚拟机名称等信息，如图 8-1-45 所示，单击"确定"按钮。

图 8-1-45

第 3 步，命令下发成功，系统将启动恢复虚拟机任务，如图 8-1-46 所示，单击"确定"按钮。

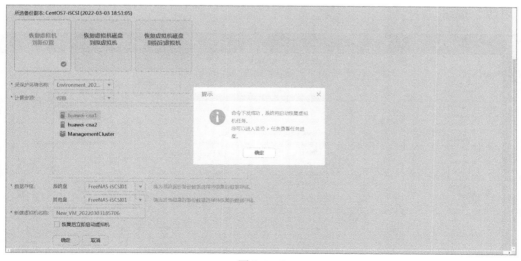

图 8-1-46

第 4 步，开始恢复虚拟机，如图 8-1-47 所示。

图 8-1-47

第 5 步，恢复虚拟机完成，如图 8-1-48 所示。

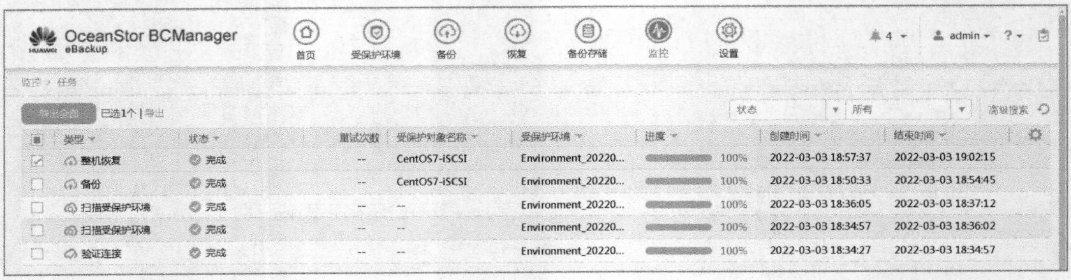

图 8-1-48

第 6 步，在"资源池"中可以看到恢复的虚拟机，如图 8-1-49 所示，单击"打开电源"按钮。

图 8-1-49

第 7 步，使用 VNC 登录虚拟机，查看虚拟机 IP 地址信息，如图 8-1-50 所示，虚拟机运行正常，说明恢复虚拟机成功。

图 8-1-50

第 8 步，进入 OceanStor BCManager 主界面，可以看到最近 24 小时任务的相关信息，如图 8-1-51 所示。

图 8-1-51

8.2　使用 Vinchin Disaster Recovery 备份恢复虚拟机

Vinchin Disaster Recovery（云祺容灾备份）系统支持主流虚拟化环境下的虚拟机备份，提供对云基础设施、云架构平台以及深入到应用系统的全方位数据保护，包括多种异构虚拟化平台环境下的虚拟机备份、瞬时恢复、细粒度恢复、迁移、灾难演练等，能有效地通过备份与恢复保证虚拟化中心的数据安全。该系统目前支持 VMware vSphere、Hyper-V、OpenStack、Citrix XenServer、FusionCompute 等多个虚拟化平台。

8.2.1　部署 Vinchin Disaster Recovery

Vinchin Disaster Recovery 可以在官方网站下载安装镜像。本小节介绍部署 Vinchin Disaster Recovery。

第 1 步，Vinchin Disaster Recovery 基于 CentOS。创建一台基于 CentOS 的虚拟机，如图 8-2-1 所示，单击"下一步"按钮。

图 8-2-1

第 2 步，选择虚拟机使用的数据存储，如图 8-2-2 所示，单击"下一步"按钮。

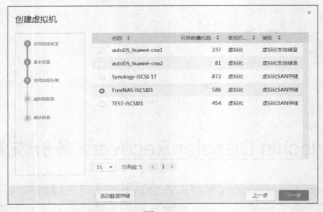

图 8-2-2

第 3 步，配置虚拟机硬件资源，如图 8-2-3 所示，单击"下一步"按钮。

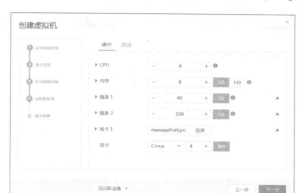

图 8-2-3

第 4 步，确认虚拟机相关信息是否正确，如图 8-2-4 所示，单击"确定"按钮。

图 8-2-4

第 5 步，挂载下载好的安装镜像并启动虚拟机，如图 8-2-5 所示，选择"Install CentOS7"选项。

图 8-2-5

第 6 步，单击"INSTALLATION DESTINATION"，配置安装硬盘，如图 8-2-6 所示。

图 8-2-6

第 7 步，勾选安装系统使用的硬盘，如图 8-2-7 所示，单击"Done"按钮。

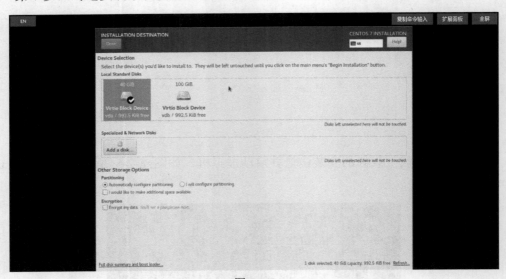

图 8-2-7

第 8 步，系统的其他安装步骤省略，读者可以参考第 4 章相关内容。安装完成后启动虚拟机，如图 8-2-8 所示。

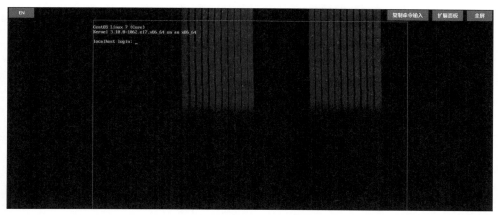

图 8-2-8

至此，Vinchin Disaster Recovery 安装完成，由于 Vinchin Disaster Recovery 系统将软件集成进 CentOS，CentOS 系统安装完成后，Vinchin Disaster Recovery 也安装完成。

8.2.2 配置 Vinchin Disaster Recovery

完成 Vinchin Disaster Recovery 安装后，需要进行基础配置才能对虚拟机进行备份恢复操作。本小节介绍 Vinchin Disaster Recovery 配置。

第 1 步，Vinchin Disaster Recovery 通过浏览器访问。使用浏览器登录 Vinchin Disaster Recovery，输入用户名及密码，如图 8-2-9 所示，单击"登录"按钮。

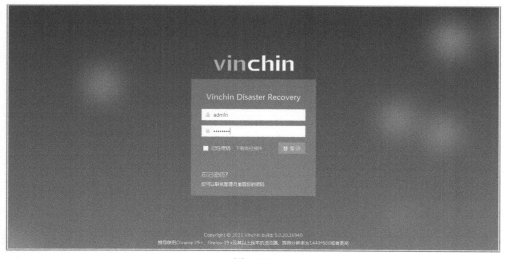

图 8-2-9

第 2 步，登录 Vinchin Disaster Recovery，如图 8-2-10 所示，单击"系统管理"。

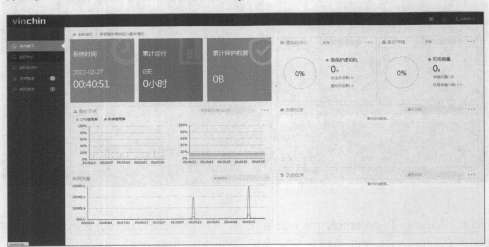

图 8-2-10

第 3 步，如图 8-2-11 所示，Vinchin Disaster Recovery 处于未授权状态。必须授权才能备份恢复虚拟机，可以申请试用。下载到授权文件后，单击"上传授权文件"按钮即可上传。

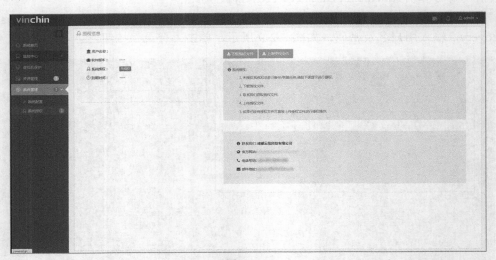

图 8-2-11

第 4 步，上传授权文件后，"系统授权"变为"试用授权"，如图 8-2-12 所示，单击"资源管理"。

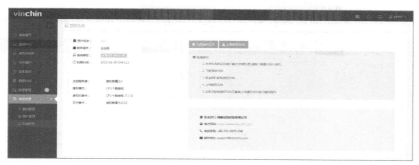

图 8-2-12

第 5 步，配置备份使用的存储设备，如图 8-2-13 所示，单击"新建"按钮。

图 8-2-13

第 6 步，系统支持多种存储资源，如图 8-2-14 所示，本小节选择"本地磁盘"。

图 8-2-14

第 7 步，配置其他存储信息，如图 8-2-15 所示，单击"确定"按钮。

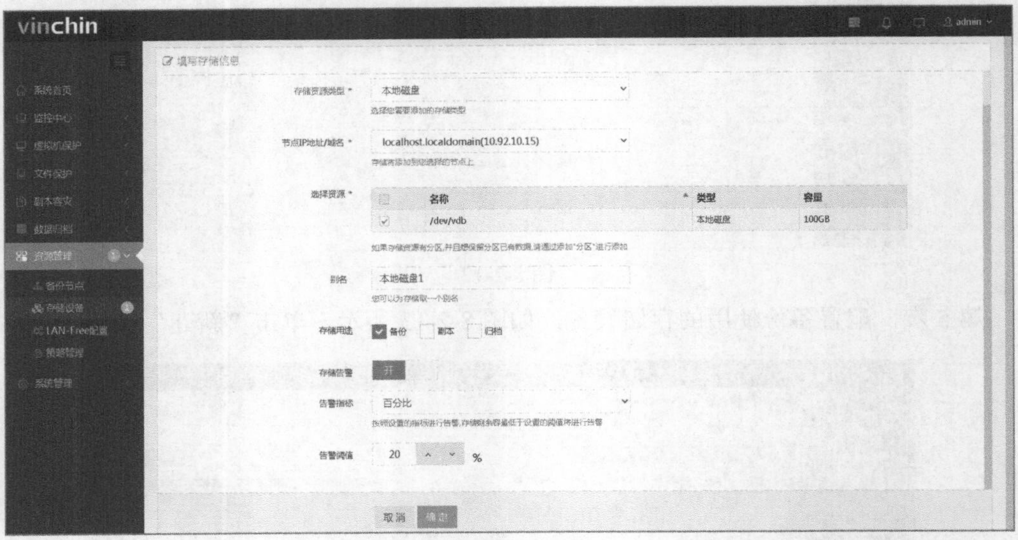

图 8-2-15

第 8 步，勾选"格式化"，如图 8-2-16 所示，单击"确定"按钮。

图 8-2-16

第 9 步，系统将本地磁盘添加到存储列表中，如图 8-2-17 所示。

图 8-2-17

8.2.3 使用 Vinchin Disaster Recovery 备份虚拟机

完成 Vinchin Disaster Recovery 基础配置后，就可以对虚拟机进行备份操作。本小节介绍备份虚拟机。

第 1 步，进入虚拟机保护，可以看到系统目前没有找到可以备份的虚拟机，如图 8-2-18 所示，单击"虚拟化中心"。

图 8-2-18

第 2 步，系统支持多种虚拟化类型的备份，如图 8-2-19 所示，选择"Huawei FusionCompute KVM"。

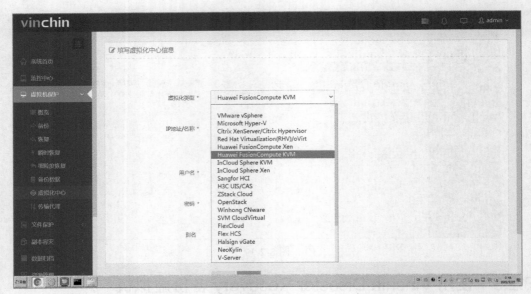

图 8-2-19

第 3 步，配置虚拟化中心相关信息，如图 8-2-20 所示，单击"确定"按钮。

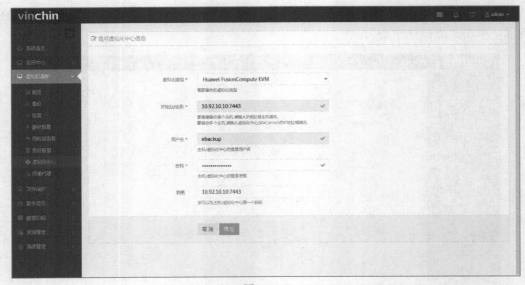

图 8-2-20

第 4 步，虚拟化中心添加完成，但其处于未授权状态，如图 8-2-21 所示，单击"授权"按钮。

图 8-2-21

第 5 步，试用授权 CPU 个数为 10，如图 8-2-22 所示，单击"添加授权"按钮。

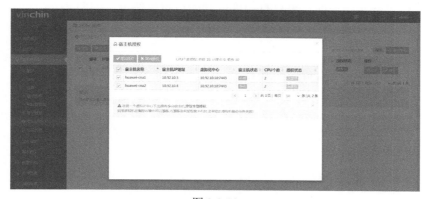

图 8-2-22

第 6 步，宿主机授权完成，如图 8-2-23 所示。

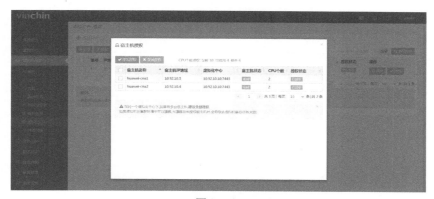

图 8-2-23

第 7 步，查看虚拟化中心信息，可以看到"授权状态"变为"全部授权"，如图 8-2-24 所示。

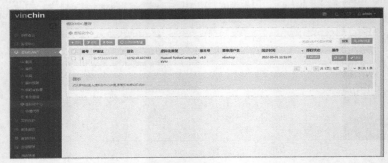

图 8-2-24

第 8 步，进入备份界面，可以看到读取到的虚拟机信息，如图 8-2-25 所示。

图 8-2-25

第 9 步，勾选需要备份的虚拟机，如图 8-2-26 所示，单击"下一步"按钮。

图 8-2-26

第 10 步，选择备份虚拟机使用的存储，如图 8-2-27 所示，单击"下一步"按钮。

图 8-2-27

第 11 步，配置备份策略，选择"一次性备份"，如图 8-2-28 所示，单击"下一步"按钮。

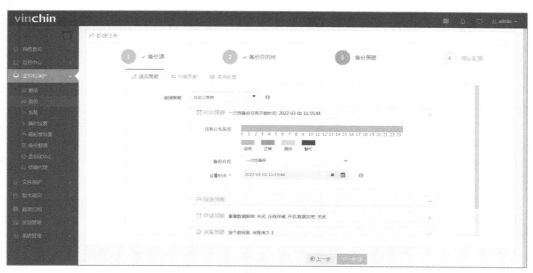

图 8-2-28

第 12 步，确认备份策略相关信息是否正确，如图 8-2-29 所示，单击"提交"按钮。

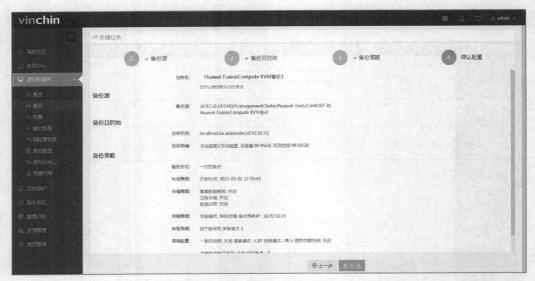

图 8-2-29

第 13 步，虚拟机状态为"等待"，如图 8-2-30 所示。

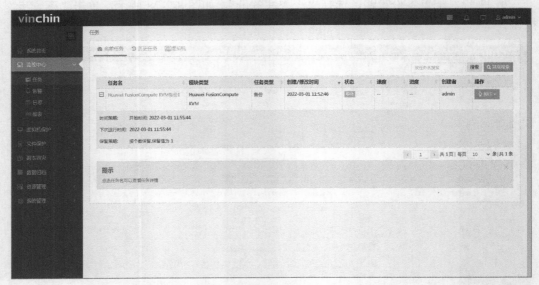

图 8-2-30

第 14 步，选择第二台虚拟机进行备份操作，如图 8-2-31 所示，单击"下一步"按钮。

图 8-2-31

第 15 步，备份方式选择按策略备份，设置策略有完全备份、增量备份、差异备份等，可以根据实际情况进行选择，如图 8-2-32 所示，单击"下一步"按钮。

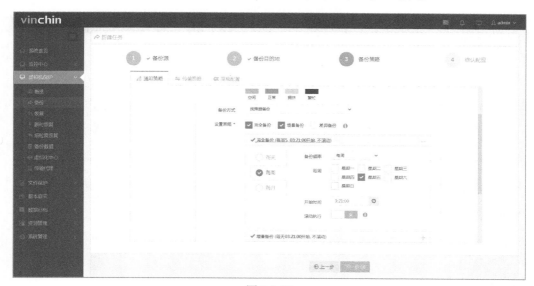

图 8-2-32

第 16 步，确认第二台虚拟机备份策略相关信息是否正确，如图 8-2-33 所示，单击"提交"按钮。

图 8-2-33

第 17 步，备份任务创建完成。备份 1 处于运行状态，备份 2 处于等待状态，如图 8-2-34 所示。

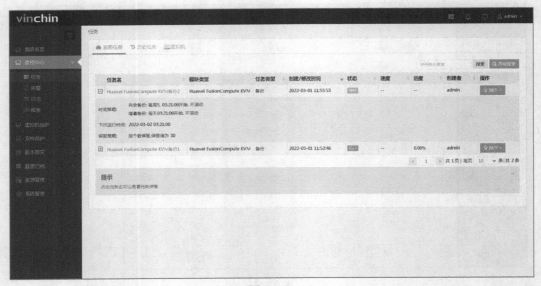

图 8-2-34

第 18 步，备份 1 完成，如图 8-2-35 所示。

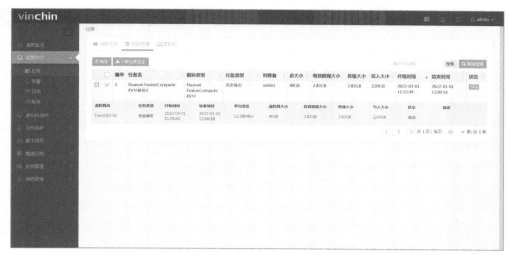

图 8-2-35

第 19 步，查看备份数据相关信息，可以看到虚拟机备份成功，如图 8-2-36 所示。

图 8-2-36

8.2.4 使用 Vinchin Disaster Recovery 恢复虚拟机

完成虚拟机备份操作后，就可以对虚拟机进行恢复操作。本小节介绍如何恢复虚拟机。

第 1 步，进入恢复界面，勾选备份好的虚拟机，如图 8-2-37 所示，单击"下一步"按钮。

图 8-2-37

第 2 步，配置恢复目标相关信息，如图 8-2-38 所示，单击"下一步"按钮。

图 8-2-38

第 3 步，选择恢复方式，本小节恢复方式选择立即恢复，如图 8-2-39 所示，单击"下一步"按钮。

图 8-2-39

第 4 步，确认恢复方式相关信息是否正确，如图 8-2-40 所示，单击"提交"按钮。

图 8-2-40

第 5 步，虚拟机恢复后处于运行状态，如图 8-2-41 所示。

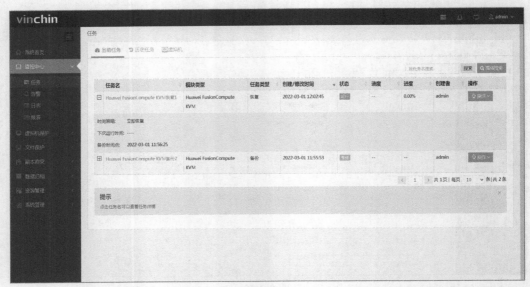

图 8-2-41

第 6 步，虚拟机恢复成功，如图 8-2-42 所示。

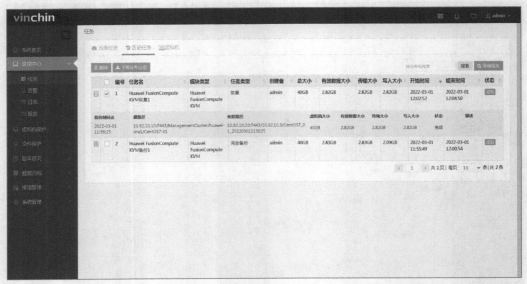

图 8-2-42

第 7 步，查看资源池中恢复的虚拟机情况，如图 8-2-43 所示，单击"打开电源"按钮。

图 8-2-43

第 8 步，虚拟机正常运行，如图 8-2-44 所示。

图 8-2-44

第 9 步，Vinchin Disaster Recovery 还提供了可视化大屏功能，能够直观地监控虚拟化的备份恢复情况，如图 8-2-45 所示。

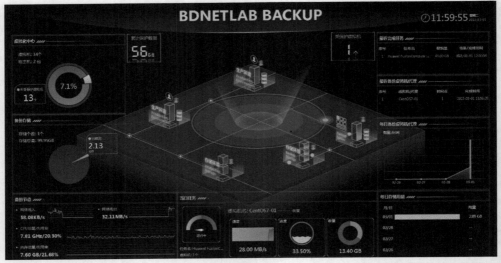

图 8-2-45

8.3　本章小结

　　本章介绍 FusionCompute 平台下虚拟机的备份恢复操作，介绍了如何使用 OceanStor BCManager 和 Vinchin Disaster Recovery 两种备份工具，用户可以根据实际情况选择。需要说明的是，无论使用什么备份工具，都需要考虑存储以及备份策略问题，而存储容量不足以及备份策略问题可能会导致备份或恢复虚拟机失败。

扫码观看
本章配套视频

第 8 章（第 1 部分）

扫码观看
本章配套视频

第 8 章（第 2 部分）

第9章
配置系统管理和监控

完成 FusionCompute 平台的搭建后，后续的主要工作是系统管理及监控，通过系统管理以及监控，可以及时发现问题、处理问题，尽可能地避免由于各种故障导致的 CNA 计算节点主机、VRM、虚拟机等无法访问的问题。本章介绍基础的系统管理和监控。

本章要点

■ 配置系统管理

■ 使用监控

9.1 配置系统管理

系统管理用于对 CNA 计算节点主机、VRM 以及虚拟机等相关参数进行配置，这些参数会影响到 CNA 计算节点主机、VRM 以及虚拟机的运行，建议谨慎进行配置操作。本节介绍基础的系统管理配置以及使用。

9.1.1 使用任务与日志

通过任务与日志可以查看所有操作记录。本小节介绍如何查看任务与日志信息。

第 1 步，查看任务中心，如图 9-1-1 所示，显示了系统进行的各种任务。

第 2 步，查看操作日志，如图 9-1-2 所示，显示了系统的各种操作。

第 3 步，通过日志收集功能可以收集日志信息，用于分析以及备份，收集时间段可以根据实际情况进行选择，如图 9-1-3 所示。

第 4 步，"收集时间段"选择"最近 1 小时"，勾选"VRM02（主）"节点，如图 9-1-4 所示，单击"收集"按钮。

第 5 步，系统开始收集日志，如图 9-1-5 所示。

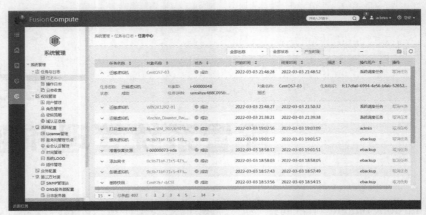

图 9-1-1

图 9-1-2

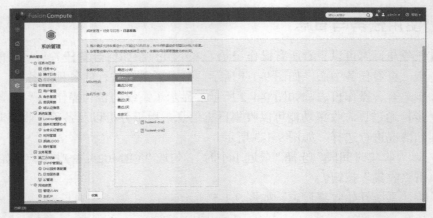

图 9-1-3

图 9-1-4

图 9-1-5

第 6 步，日志收集完成，收集的日志以 ZIP 压缩包的形式存储，如图 9-1-6 所示，单击"全部显示"。

图 9-1-6

第 7 步，解压 ZIP 压缩包后，可以看到收集的日志信息，如图 9-1-7 所示。当系统出现故障无法解决时，可以将收集的日志提供给华为售后进行分析处理。

图 9-1-7

9.1.2　配置权限管理

权限管理是日常运维常见操作之一，运维人员可以结合实际情况进行配置。本小节介绍基础的权限管理配置。

第 1 步，查看用户管理，其内置多个用户，不同的用户具有不同的权限，如图 9-1-8 所示，单击"添加用户"按钮，可以根据实际情况添加用户。

图 9-1-8

第 2 步，配置用户相关信息，选择"从属角色"，如图 9-1-9 所示，系统提供了多种角色。

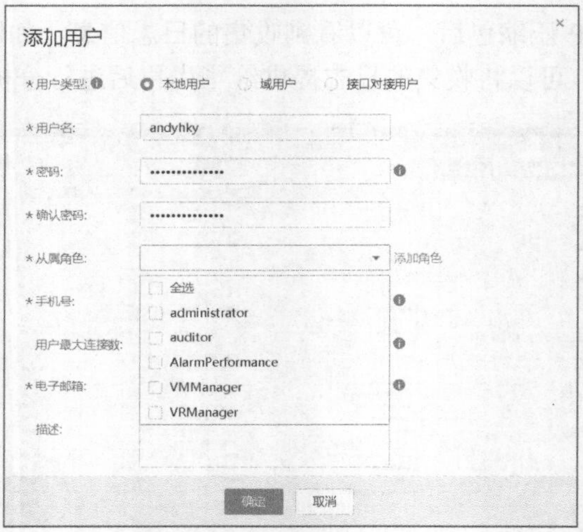

图 9-1-9

第 3 步，"从属角色"选择"administrator"，其他参数根据实际情况配置，如图 9-1-10
所示，单击"确定"按钮。

图 9-1-10

第 4 步，新用户创建完成，如图 9-1-11 所示。

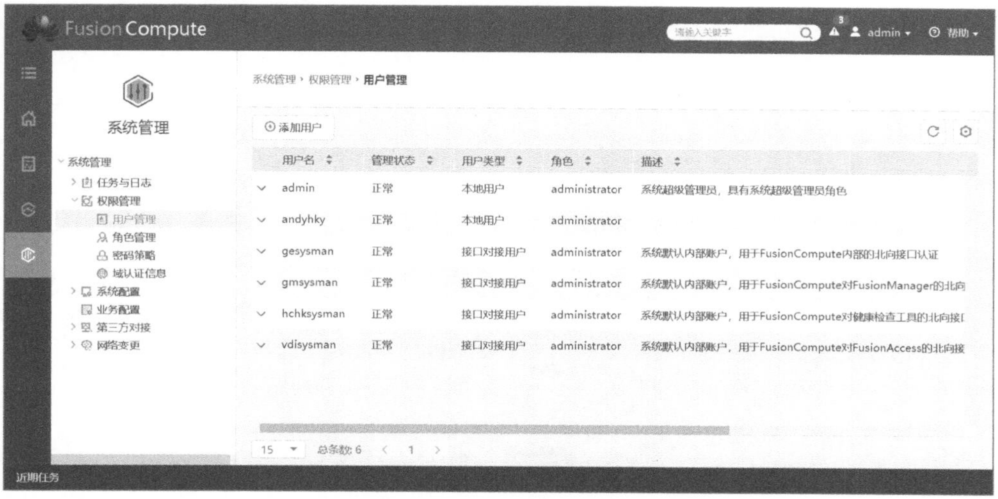

图 9-1-11

第 5 步，查看"角色管理"，系统内置了常用的角色，如图 9-1-12 所示，可以根据实际情况创建新的角色，单击"添加角色"按钮。

图 9-1-12

第 6 步，创建新的角色，勾选"数据存储"，代表该角色可以对数据存储进行操作，如图 9-1-13 所示，单击"确定"按钮。

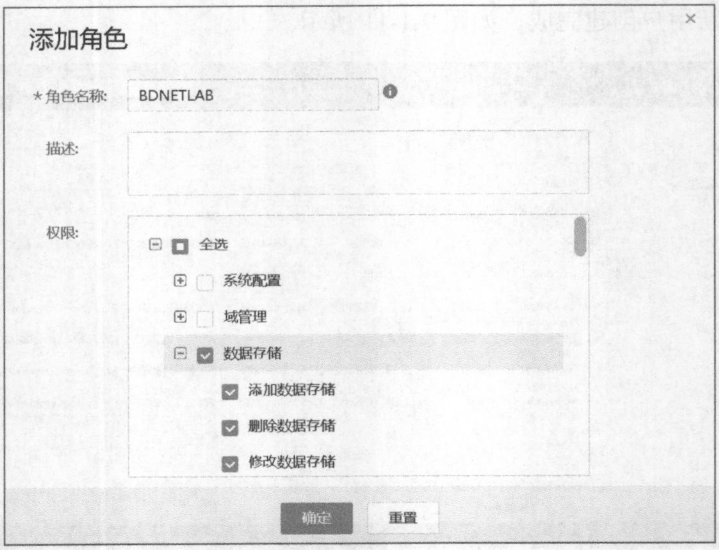

图 9-1-13

第 7 步，角色添加完成，如图 9-1-14 所示。

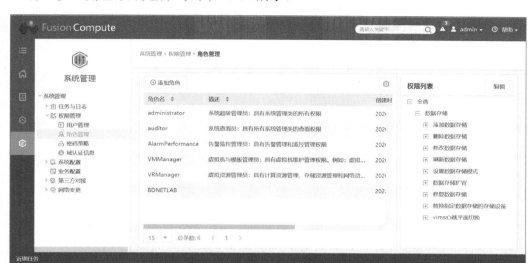

图 9-1-14

第 8 步，角色必须赋值给用户才能使用。修改"从属角色"，如图 9-1-15 所示，单击"确定"按钮。

修改用户

用户名:	andyhky
*从属角色:	BDNETLAB
*手机号:	139****5678
用户最大连接数:	不限制
*电子邮箱:	44****798@qq.com
描述:	

确定　取消

图 9-1-15

第 9 步，修改用户角色成功，该用户角色已变为"BDNETLAB"，如图 9-1-16 所示。

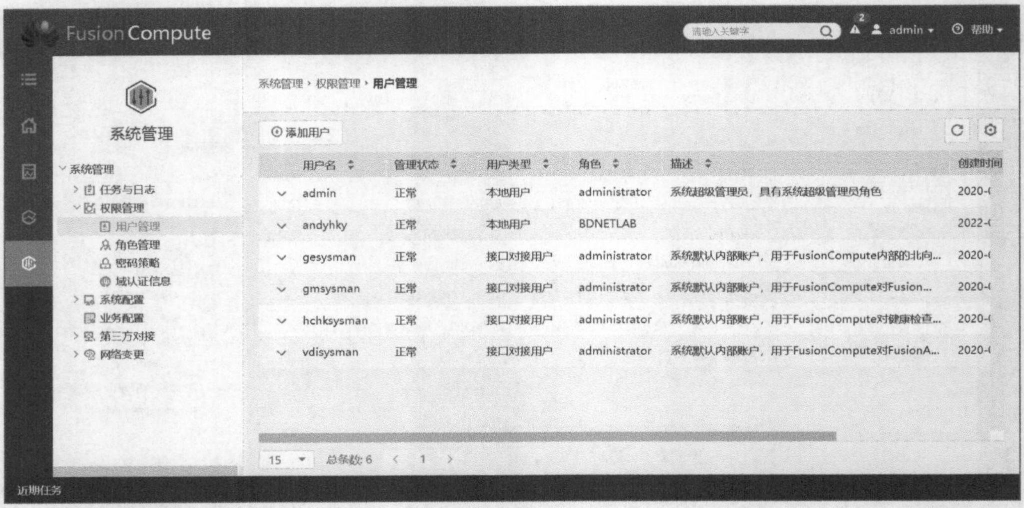

图 9-1-16

第 10 步，查看密码策略相关信息，如图 9-1-17 所示，可以根据实际情况进行修改。

图 9-1-17

第 11 步，查看域认证信息配置，系统支持多种协议，如图 9-1-18 所示，可以根据实际情况进行配置。

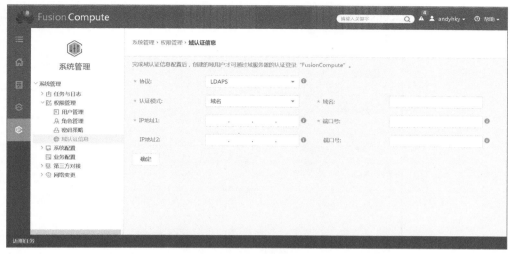

图 9-1-18

9.1.3 系统配置

系统配置也是日常运维常见的操作。本小节介绍基础的系统配置。

第 1 步，查看 License 管理。目前未加载商用 License，使用的是试用 License，华为不提供技术支持服务，试用 License 有截止日期，如图 9-1-19 所示，单击"加载 License"按钮。

图 9-1-19

第 2 步，加载 License 分为独立 License 和 License 服务器两种，如图 9-1-20 所示，需要根据所购买 License 的类型选择。

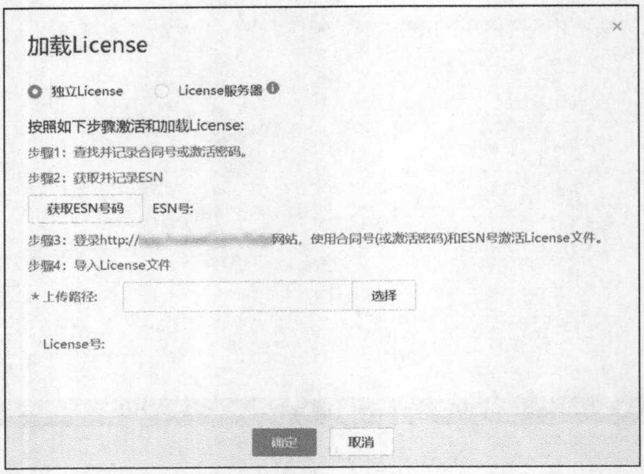

图 9-1-20

参数解释如下。

① 独立 License。

独立 License 表示需要通过采购合同向华为申请 License 文件，再导入与 VRM 节点 ESN 号匹配的 License 文件来激活，激活后华为根据合同提供相应的技术支持服务。

② License 服务器。

如果环境中存在多个 VRM 节点，且 VRM 节点均无独立匹配的 License 文件，那么可以通过 License 服务器提供 License 服务。License 服务器是指已加载独立 License 的 VRM 节点。

第 3 步，使用 License 服务器需要配置 IP 地址等信息，如图 9-1-21 所示，单击"确定"按钮。

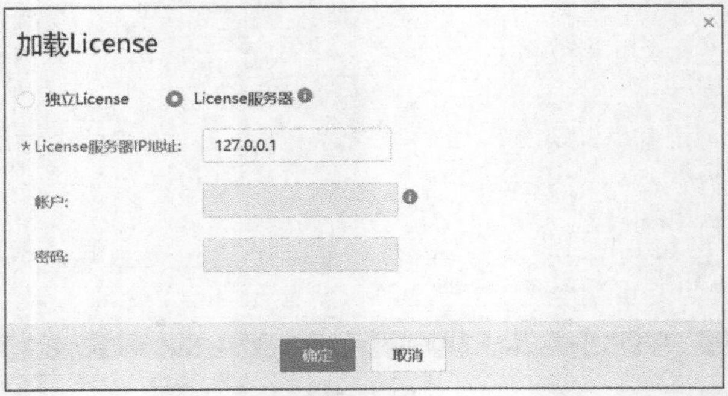

图 9-1-21

第 4 步，查看服务和管理节点，可以看到 VRM 服务相关信息，如图 9-1-22 所示，可以单击"管理数据备份配置"，配置数据备份。

图 9-1-22

第 5 步，可以将数据备份至第三方 FTP 服务器或主机，系统支持多种协议，根据实际情况配置即可，单击"确定"按钮，如图 9-1-23 所示。备份完成后可以访问 FTP（File Transfer Protocol，文件传送协议）服务器查看相应的备份文件。

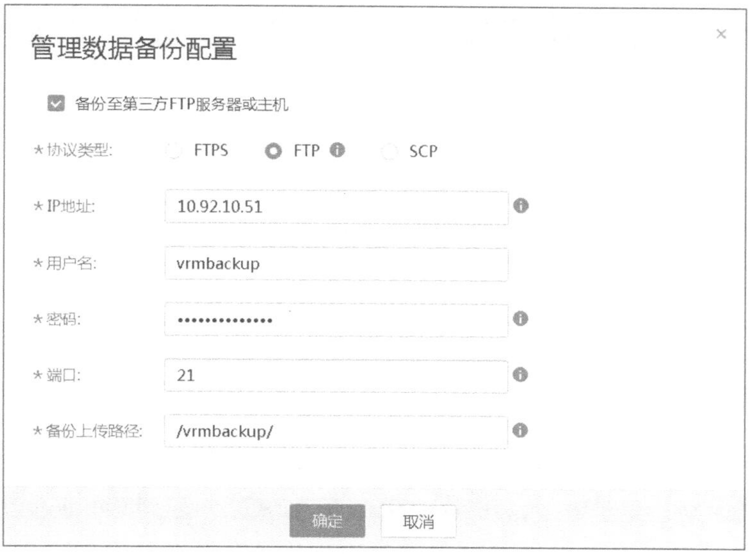

图 9-1-23

第 6 步，配置安全认证管理，主要配置主机间的证书或替换相关证书，如图 9-1-24 所示，根据实际情况配置即可。

图 9-1-24

第 7 步，配置时间管理，如图 9-1-25 所示。需要说明的是，时间在各种系统中都非常重要，推荐配置 NTP 服务器来保证时间的一致性。

图 9-1-25

第 8 步，配置系统 LOGO 以及系统信息，如图 9-1-26 所示，根据实际情况配置即可。

图 9-1-26

第 9 步，配置插件管理，如图 9-1-27 所示，可以上传官方或第三方支持的插件，根据实际情况配置即可。

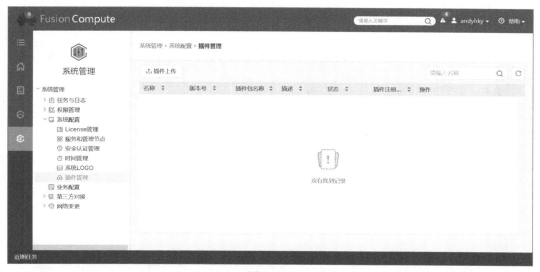

图 9-1-27

9.1.4 业务配置

业务配置涉及资源调度等参数配置。本小节介绍业务配置。

第 1 步，进入业务配置界面，可以配置计算资源调度周期等参数，如图 9-1-28 所示，根据实际情况配置即可。

图 9-1-28

第 2 步，在业务配置界面中还可以配置 VNC 登录模式等参数，如图 9-1-29 所示，根据实际情况配置即可。

图 9-1-29

9.1.5 配置第三方对接

第三方对接主要是将系统对接到第三方平台。本小节介绍第三方对接配置。

第 1 步，配置 SNMP 管理站，如果生产环境中有基于 SNMP（Simple Network Management Protocol，简单网络管理协议）的第三方管理平台，可以配置相应的管理，如图 9-1-30 所示，根据实际情况配置即可。

图 9-1-30

第 2 步，配置 DNS 服务器相关信息，如图 9-1-31 所示，根据实际情况配置即可，配置完成后可以单击"测试"按钮，测试能否正常访问 DNS 服务器。

图 9-1-31

第 3 步，配置日志服务器，如图 9-1-32 所示，根据实际情况配置即可。

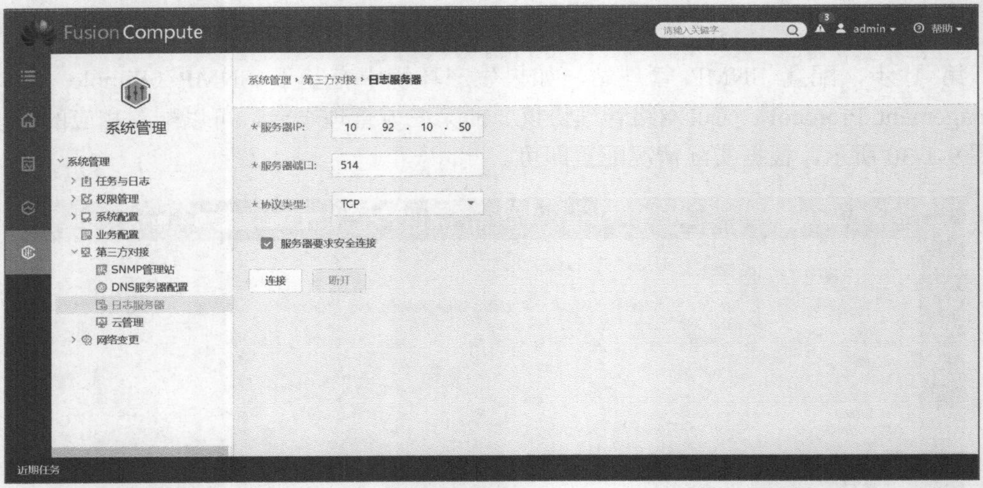

图 9-1-32

第 4 步，配置云管理，如图 9-1-33 所示，根据实际情况配置即可。

图 9-1-33

9.1.6　配置网络变更

与其他虚拟化架构相比，FusionCompute 平台提供了强大的网络变更功能，可以让我们对 VRM 以及 CNA 计算节点主机网络参数进行修改。本小节介绍网络变更配置，需要注意的是，生产环境中请谨慎操作。

第 1 步，如图 9-1-34 所示，变更管理 VLAN 信息，需根据实际情况进行修改。请注意提示文字内容，任何涉及网络方面的变更都可能导致严重的后果，再次提醒谨慎操作。

图 9-1-34

第 2 步，变更主机 IP 地址，如图 9-1-35 所示，可根据实际情况进行修改。

图 9-1-35

第 3 步，更换主机网卡，如图 9-1-36 所示，可根据实际情况进行操作。

图 9-1-36

第 4 步，新增主机网卡，如图 9-1-37 所示，可根据实际情况进行操作。

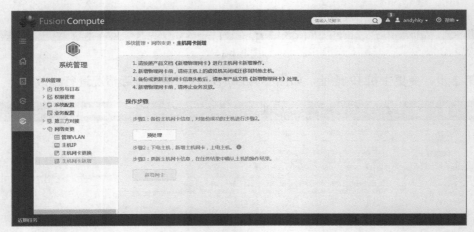

图 9-1-37

9.2　使用监控

对于 FusionCompute 平台来说，日常的监控非常重要，当服务器或虚拟机出现问题时，系统会产生各种告警。通过分析告警，运维人员可以查找告警原因，以便及时解决问题。本节介绍系统自带的监控操作。

9.2.1 使用告警

系统内置告警分为紧急、重要、次要、提示这 4 个类型。本小节介绍内置告警的使用。

第 1 步，查看告警列表，其包括系统告警信息，如图 9-2-1 所示。

图 9-2-1

第 2 步，查看告警阈值，系统内置了多个指标项，如图 9-2-2 所示，可以根据实际情况进行调整。生产环境中不推荐修改和屏蔽告警。

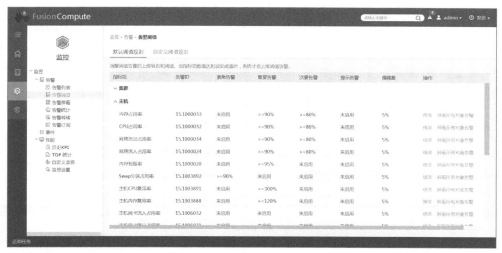

图 9-2-2

第 3 步，查看告警屏蔽信息，如图 9-2-3 所示，可以根据实际情况屏蔽部分告警。生产环境中不推荐屏蔽告警。

图 9-2-3

第 4 步，查看告警统计信息，如图 9-2-4 所示。

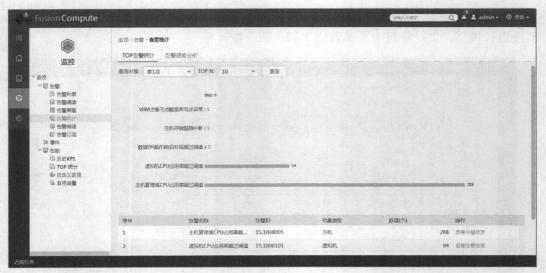

图 9-2-4

第 5 步，配置告警转储，可以将告警信息保存到第三方服务器中，根据实际情况进行配置，如图 9-2-5 所示，单击"测试"按钮。

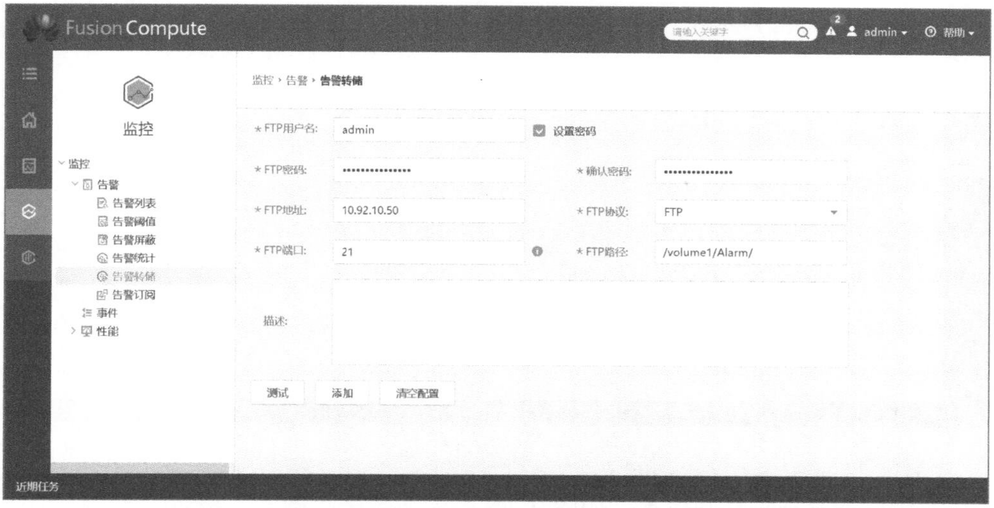

图 9-2-5

第 6 步，测试成功后，"FTP 密码"框以及"确认密码"框处于灰色状态，如图 9-2-6 所示。

图 9-2-6

第 7 步，配置告警订阅，可以通过邮件发送告警信息，如图 9-2-7 所示，单击"添加"按钮。

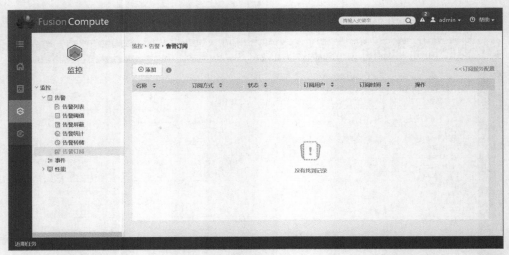

图 9-2-7

第 8 步，配置告警订阅信息，如图 9-2-8 所示，单击"确定"按钮。

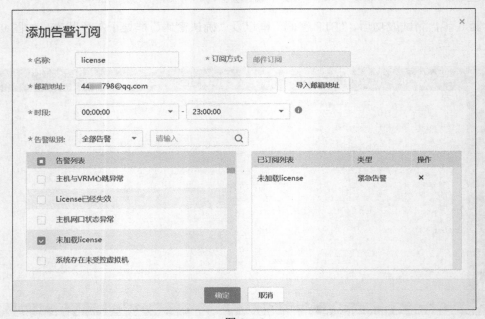

图 9-2-8

第 9 步，告警订阅完成，如图 9-2-9 所示，但此时还不能发送邮件，单击"订阅服务配置"。

图 9-2-9

第 10 步，配置邮件服务器，根据实际情况配置即可，如图 9-2-10 所示，单击"测试"。

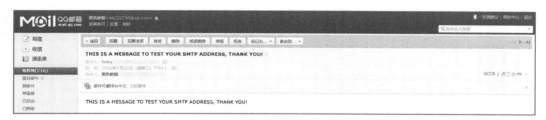

图 9-2-10

第 11 步，收到测试邮件，如图 9-2-11 所示，说明订阅服务配置成功。

图 9-2-11

第 12 步，查看触发的未加载 license 告警，如图 9-2-12 所示。

图 9-2-12

第 13 步，通过订阅服务收到相应的告警邮件，如图 9-2-13 所示。

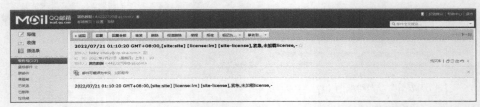

图 9-2-13

9.2.2　使用事件

系统内置事件记录了 VRM、虚拟机等的相关事件，可以通过导出列表进行分析。本小节介绍查看使用事件。

第 1 步，查看事件，这里列出了虚拟机内部重启等事件，如图 9-2-14 所示，单击"导出列表"按钮。

图 9-2-14

第2步，系统提示"确定要导出吗?"，如图9-2-15所示，单击"确定"按钮。

图9-2-15

第3步，导出的文件以 ZIP 文件存储，如图9-2-16所示。

图9-2-16

第4步，解压 ZIP 文件，文件是标准的 XLS 文件。打开文件进行查看，如图9-2-17所示。

图9-2-17

9.2.3 使用性能监控

内置的性能监控功能，可以监控集群、CNA 计算节点主机、虚拟机等多个指标，也可以查看这些指标的历史数据。通过性能监控，可以了解环境的运行状态，也可以及时发现和处理问题。本小节介绍性能监控的使用。

第 1 步，查看历史 KPI（Key Performance Index，关键绩效指标），该指标收集了系统一段时间内 CPU、内存、磁盘等的使用情况，如图 9-2-18 所示。

图 9-2-18

第 2 步，查看 TOP 统计数据，系统可以对指标占用情况进行排名统计，如图 9-2-19 所示。

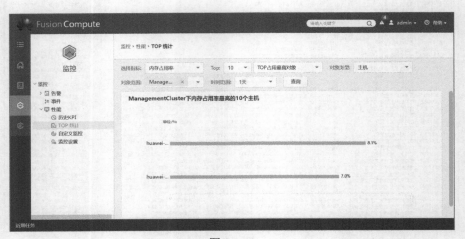

图 9-2-19

第 3 步，性能监控支持自定义监控，如图 9-2-20 所示，单击"＋"按钮。

图 9-2-20

第 4 步，添加自定义监控的对象，如图 9-2-21 所示，单击"下一步"按钮。

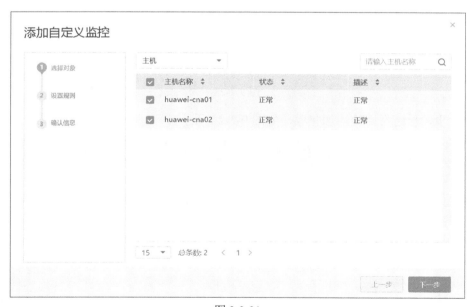

图 9-2-21

第 5 步，设置监控使用的规则名称和指标，系统提供多种监控指标。如图 9-2-22 所示，本小节对不同主机选择不同的指标，单击"下一步"按钮。

图 9-2-22

第 6 步，确定自定义监控配置信息是否正确，如图 9-2-23 所示，单击"确定"按钮。

图 9-2-23

第 7 步，自定义监控添加完成，如图 9-2-24 所示。

图 9-2-24

　　第 8 步，展开其中一台主机的监控指标进行查看，可以看到自定义的内存占用率监控指标，如图 9-2-25 所示。

图 9-2-25

　　第 9 步，展开另外一台主机的监控指标进行查看，可以看到自定义的 CPU 占用率等多个监控指标，如图 9-2-26 所示。

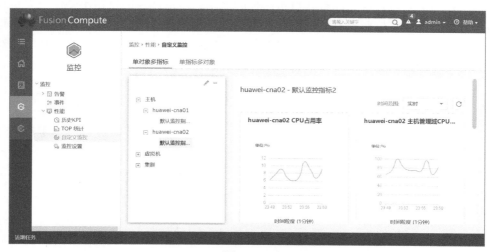

图 9-2-26

　　第 10 步，监控设置主要是修改监控指标以及所需要的数据库容量预估。当前数据库空间为 19.56GB，预估所需空间为 5.06GB，如图 9-2-27 所示。如果容量不足，必须进行数据库扩容。

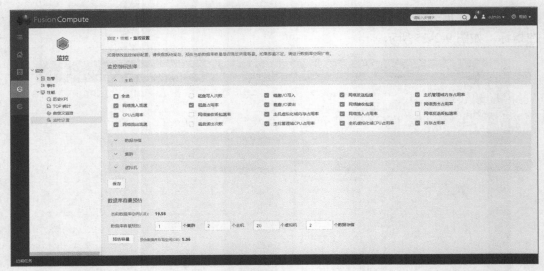

图 9-2-27

9.3　本章小结

　　本章介绍了系统管理的配置和日常监控的使用。本章涉及的操作不多，主要是以查看为主。日志以及监控对于日常运维非常重要，经常查看日志、告警、事件等信息可以帮助运维人员分析、处理问题。需要说明的是，FusionCompute 内置的监控功能相对较弱，如果需要专业的监控，可以部署第三方专业监控管理平台。

本章没有
配套视频